Gerhard Bittner / Elke Schwarz

Emotion Selling

Gerhard Bittner / Elke Schwarz

Emotion Selling

Messbar mehr verkaufen
durch neue Erkenntnisse
der Neurokommunikation

GABLER

Bibliografische Information der Deutschen Nationalbibliothek
Die Deutsche Nationalbibliothek verzeichnet diese Publikation in der
Deutschen Nationalbibliografie; detaillierte bibliografische Daten sind im Internet über
<http://dnb.d-nb.de> abrufbar.

1. Auflage 2010

Alle Rechte vorbehalten
© Gabler Verlag | Springer Fachmedien Wiesbaden GmbH 2010

Lektorat: Barbara Möller

Gabler Verlag ist eine Marke von Springer Fachmedien.
Springer Fachmedien ist Teil der Fachverlagsgruppe Springer Science+Business Media.
www.gabler.de

Umschlaggestaltung: KünkelLopka Medienentwicklung, Heidelberg
Satz: ITS Text und Satz Anne Fuchs, Bamberg
Druck und buchbinderische Verarbeitung: MercedesDruck, Berlin
Gedruckt auf säurefreiem und chlorfrei gebleichtem Papier
Printed in Germany

ISBN 978-3-8349-1765-2

Stimmen zum Buch

„Emotion Selling ist erfreulich einfach zu verstehen, logisch nachvollziehbar und sofort umsetzbar. Das macht es für mich so faszinierend. Erfolgssituationen entstehen schon bei ersten Anwendungen, und mit einer konsequenteren Umsetzung wird es bei uns im Unternehmen für viele Jahre eine wichtige Säule des weiteren Unternehmenserfolges sein."
Florian Freiherr von Hornstein, Geschäftsführer, Mediaagentur Serviceplan

„Kunden kaufen, was sie brauchen, bei Menschen, die sie mögen. Kunden kaufen da, wo man ihnen das beste Gefühl vermittelt. Dieser Leitsatz verkörpert für mich den Kern erfolgreicher Sales-Modelle, deren Wirkung ich in verschiedenen Unternehmen gesehen habe. So einfach sich dieser Satz anhört, so anspruchsvoll ist er umzusetzen. Emotion Selling begründet die Idee hochwertiger Kommunikation mit Kunden fundiert und ganz einfach nachvollziehbar. Wer die Methoden anwendet, gewinnt aus meiner Sicht einen Wettbewerbsvorteil."
Hans Wittmann, Medizinischer Geschäftsführer, medi GmbH & Co. KG

„Für mich ein Meilenstein. In ihrem Buch ‚Emotion Selling' beschreiben Gerhard Bittner und Elke Schwarz die Kunst der Kommunikation mit Kunden, analysieren Kommunikation auf ganz neue Weise, definieren ganz logische Erfolgsprinzipien, nennen die heimlichen Entscheidungsmotive und zeigen auf, wie hochwertige und erfolgreiche Kommunikation funktioniert. Mir wurde klar, wie viel wir im Alltag noch lernen können und wie groß die Potenziale sind. Ich sehe großen Nutzen für die Praxis." **Michael Wefers, ehemaliger Personalvorstand, CeWe Color**

„Ich begründe meinen Erfolg im Verkauf mit der Tatsache, dass ich Emotion Selling intuitiv mit meinen Kunden gelebt habe. So einfach sich die Prinzipien anhören: Kunden wertschätzen, offene Fragen nutzen, selbst wenig reden, stattdessen intensiv zuhören, positive Wortwahl und mehr über Lösungen als Probleme sprechen, so wenig werden sie nach meiner Erfahrung im Alltag gelebt. Ich sehe viel Potenzial." **Astrid Arens, European Sales Champion, Procter & Gamble**

„Je besser wir verstehen und wissen, was vor, während und nach einem Gespräch in unserem Gehirn geschieht, desto eher können wir lernen, unsere eigene Kommunikation zu optimieren, effizienter zu machen, sie besser in der Praxis anzuwenden und zu nutzen. Der Schlüssel hierzu ist ein wissenschaftlicher Ansatz. Die moderne Hirnforschung hat in den letzten Jahren herausragende Erfolge erzielt. Aus der fruchtbaren Kooperation mit anderen Wissenschaften, wie der modernen Psychologie, den Mentalwissenschaften oder der Medizin, sind völlig neue Modelle und Konzepte entstanden, die jedem Einzelnen große Chancen und neue Möglichkeiten bieten. Diese neuen Entdeckungen für die Wirtschaft verwertbar zu machen, sie in ein praxisnahes Gesamtkonzept einzuarbeiten, ist die herausragende Idee dieses Buches. Entstanden ist das Konzept Emotion Selling. Es bietet neue Ansätze und Methoden, basierend auf den Erkenntnissen der modernen Neurowissenschaften. Interessant für all diejenigen, die es spannend finden, wirklich Neues zu entdecken, neue Methoden zu erlernen, und die Spaß daran haben, erfolgreich zu kommunizieren." **Dr. Albert Lichtenthal, Neurologe**

Inhaltsverzeichnis

Danksagung

Emotion Selling basiert auf einem breiten, interdisziplinären Wissenschaftsansatz aus Neurowissenschaft, Kommunikationswissenschaft, Psychologie und Medizin. Wir bedanken uns bei allen Professoren, die die Offenheit hatten, über ihre Spezialgebiete hinaus mit uns über viele Jahre zusammenzuarbeiten. Stellvertretend für alle Wissenschaftler gilt der besondere Dank Professor Dr. Ernst Timaeus, der als Mentor diesem interdisziplinären Ansatz Raum und Zeit zur Verfügung gestellt hat. Nur durch ihn war alles möglich.

Unser Dank gilt auch vielen Vorständen, Marketingleitern und Verkaufsleitern, die Emotion Selling in der praxisnahen Umsetzung in ihren Unternehmen kritisch und zustimmend begleitet haben. Ihre Rückmeldungen gaben uns die Chance, ständig zu lernen und Emotion Selling weiterzuentwickeln.

Viele Leiter von Trainingsabteilungen in Unternehmen sowie intern und extern tätige Trainer, die Emotion Selling kennen gelernt haben, nahmen sich – auch oft privat – Zeit für Diskussionen, Anregungen und Empfehlungen. Ihnen allen fühlen wir uns sehr verpflichtet.

Ein großes Dankeschön geht an André Freund für sein Engagement. Darüber hinaus gab es viele hilfreiche Hände, die uns bei diesem Projekt unterstützt haben. Besonders genannt sei Dominik Schulz, mit seiner großen Kreativität bei der Organisation des Projektes.

Vorwort: Kunden kaufen positive Emotionen

Kunden kaufen da,
wo sie das beste Gefühl bekommen.

Emotionen und Gefühle bewegen die Welt. Sie bewegen Menschen, Märkte, Produkte und viel Kapital. Seit Jahrtausenden streben Menschen nach Freiheit, Glück, Liebe, dem Gefühl des Erfolges, nach Anerkennung, Wertschätzung und Jugend. An emotionale Momente erinnern wir uns für immer. Weltmeisterschaften, Konzerte, Filme, Stars, Geschichten wie die vom Tellerwäscher zum Millionär liefern den Stoff für große Gefühle. „I have a dream", „Yes, we can", politische Visionen inspirieren und bewegen Millionen von Menschen, geben ihnen Sinn und das Gefühl, etwas Wichtiges zu tun oder Teil von etwas Wichtigem zu sein. Auch das Streben nach Macht, Status, Positionen und Besitz dient starken Gefühlen.

In der weltweiten Marktwirtschaft, in allen Kulturen, gibt es ein essenzielles Funktionsprinzip: Jeder Kunde auf der Welt wird zu jeder Zeit jede Kaufentscheidung danach fällen, ob er ein gutes oder weniger gutes Gefühl hat. Ob bewusst oder unbewusst – im Prinzip beruht jede Kaufentscheidung auf Emotionen. Neurowissenschaft, Psychologie und Kommunikationswissenschaft bestätigen diese These durch beeindruckende, neue Erkenntnisse. Überdurchschnittlich erfolgreiche Unternehmen, zum Beispiel Coca-Cola, Apple, Audi, Red Bull oder McDonald's, verfügen über ausgefeilte Emotionsstrategien. Produkte, die so entwickelt wurden, dass sie die Erwartungen, Bedürfnisse und Wünsche der Kunden am besten erfüllen, bleiben am Markt und sind erfolgreich.

Neue Erkenntnisse aus Neurowissenschaft und Neurokommunikation

Warum ist das so? Wir haben heute aus der Neurowissenschaft und der Neurokommunikation neue Erkenntnisse darüber, was im Gehirn von Kunden wirklich abläuft. Wir wissen, welche Zentren im Gehirn durch Kommunikation aktiviert werden, welche unglaublichen Datenmengen wir in tausendstel Sekunden im Gehirn verarbeiten und dass Kommunikation sehr viel mehr bewirkt, als wir bewusst erfassen können. Jedes einzelne Wort beispielsweise löst unspürbar Millionen von Assoziationen und Erinnerungen aus. Die Wirkung von Wörtern ist heute direkt messbar. Damit bekommen wir eine neue Grundlage für Vermarktung, Werbung und Verkauf. Neu ist auch die Erkenntnis, dass wir in Zukunft sehr viel sorgfältiger und professioneller mit Kommunikation umgehen sollten.

Denn Kunden erwarten eine Kommunikation, die exakt auf ihre Bedürfnisse ausgerichtet ist, die wesentlich feinfühliger und damit überzeugender ist als bisher und die den Gesetzen und der Funktionsweise des Gehirns besser entspricht. Es gibt auf der Grundlage der Neurowissenschaft neue Methoden und Messinstrumente, mit denen man gezielte Analysen durchführen kann, wie emotional attraktiv Produkte, Marketing-, Werbe- und Verkaufsstrategien für Kunden sind. Darauf baut in Zukunft die systematische Planung von Emotions- und Motivationsstrategien auf. Der Wirkungsgrad ist deutlich höher als heute. Am Ende stehen messbar bessere Ergebnisse durch eine neue Qualität von Kommunikation auf allen Ebenen. Das senkt die Kosten und verdient Geld.

Was Sie in diesem Buch erwartet

Dieses Buch richtet sich an alle, die in Marketing, Werbung, Produktmanagement oder im Verkauf tätig sind und die Produkte im Markt erfolgreich machen wollen. Sei es als Vertriebsleiter, Key Account Manager, Außendienstmitarbeiter oder Verkäufer. Sie erfahren, wie Sie diese neue Qualität der Kommunikation konkret umsetzen und dadurch messbar bessere Verkaufsergebnisse erreichen. Grundlage ist ein neues Sales-Modell, das wir **Emotion Selling** nennen. Es basiert auf einem neuen Wissenschaftsansatz, der von einem interdisziplinären Team aus Wissenschaftlern, Experten und Trainern gemeinsam entwickelt wurde.

Emotion Selling erklärt Kommunikation mit Kunden grundsätzlich anders als bisher – und zwar mit einer neuen Logik aus Sicht der Neurokommunikation, der Lernpsychologie, einer neu entwickelten Emotionstheorie sowie Aspekten der Stressmedizin. Ergebnis ist eine Kommunikation, die zielorientierter, hochwertiger, kundenzentrierter, bedarfsorientierter, wertschätzender und motivierender ist – und damit messbar bessere Ergebnisse und Umsätze erzielt.

Für ein genaueres Bild können Sie auch die Podcasts unter www.bssac.de nutzen. Wir wünschen Ihnen nun viel Vergnügen bei der spannenden Reise durch die Welt der Neurokommunikation und des Emotion Selling!

Gerhard Bittner
Elke Schwarz

Hinweis: Folgende Begriffe sind urheberrechtlich auf Gerhard Bittner geschützt: Nucleus-Modell, Google-Prinzip, Semantisches Emotionsdifferenzial, Negativ-Kette, NEMO – Neuro-Emotionstheorie, SRAI – Stressreaction and Attractiveness Index, SAI – Selling Attractiveness Index, EBI – Emotion Benefit Index und ASS – AttraktivitätS Score für die Verkaufsargumentation.

Der Begriff „Emotion Selling" ist urheberrechtlich auf Elke Schwarz geschützt.

Teil 1:

Ein neues Sales-Modell:
Emotion Selling

Emotionen sind die heimlichen Treiber der Wirtschaft. Sie besser zu verstehen und entsprechend lenken zu können, ist Ziel des Emotion Selling. Die folgenden Kapitel liefern erste Antworten auf folgende Fragen:

▶ *Was ist das Geheimnis erfolgreicher Unternehmen?*

▶ *Was ist Emotion Selling, wo wird es angewendet und wie kann es Ihnen helfen, besser zu verkaufen?*

Erfolgsstorys

Kunden kaufen Emotionen.

Emotions make the money.

Wenn man die Erfolgsgeschichte von überdurchschnittlich erfolgreichen *Unternehmen* analysiert, zum Beispiel Apple, Audi, McDonald's, Manchester United und vielen anderen, dann stößt man auf eine besondere Fähigkeit: Sie schaffen es, Kunden positiv zu emotionalisieren. Kunden haben bei ihren Produkten und ihrem Service ein besseres Gefühl als bei der Konkurrenz. Das verkauft.

Abbildung 1: Beispiele für Unternehmen, die Kunden positiv emotionalisieren

Wenn man die Erfolgsgeschichte weltweit bekannter *Produkte und Marken* wie Coca-Cola, iPhone, Red Bull, Harley-Davidson und vieler anderer analysiert, stößt man auf ein bedeutendes Erfolgsprinzip: Kunden lieben diese Produkte, sie sind Kult, sie vermitteln Lebensgefühl, Freude und in der Summe: positive Emotion. Das verkauft.

Abbildung 2: Beispiele für Produkte und Marken, die Kunden positiv emotionalisieren

Wenn man die Erfolgsgeschichte preisgekrönter *Werbekampagnen* wie Freiheit und Abenteuer für Marlboro, Paul Potts für die Telekom, die lustigen Tiere für Toyota und viele andere analysiert, entdeckt man durchgängig das Prinzip: Vermittle ein positives Lebensgefühl, das Gefühl von Freiheit, positive Emotionen, die Menschen berühren, wie die Geschichte vom Niemand, der zum großen Star wird. Menschen wollen Gänsehaut und Tränen. Das motiviert und verkauft.

Wenn man die Erfolgsgeschichte von *Verkäufern* analysiert, die in ihren Unternehmen oder ihrem Markt mehr als andere verkaufen, dann sind sie meist sympathisch, besonders zuverlässig, vertrauenswürdig, Kunden sehen sie gerne, sie überzeugen besser als andere durch die Art, wie sie mit Kunden sprechen und argumentieren.

Sie sind authentisch und vermitteln Kunden das Gefühl, wirklich im Mittelpunkt zu stehen, mit ihren Erwartungen und Bedürfnissen wichtig zu sein. Das verkauft.

Wir haben Analysen vieler Erfolgsstorys systematisch durchgeführt. Ob Unternehmen, Werbeagentur oder Verkäufer, sie haben die richtige Strategie gewählt. Sie wissen, dass Menschen Emotionen suchen, und haben sie ihnen vermittelt. Der Platz an der Sonne sei ihnen gegönnt. Der Weg dahin ist harte Arbeit.

Emotion Selling erklärt wesentliche Prinzipien und Mechanismen dieser Erfolge. Wer diese Prinzipien und Mechanismen kennt und nutzt, kann seinen eigenen Erfolg systematischer herstellen.

Was ist Emotion Selling?

Definition

Emotion Selling ist der Name für ein Sales-Modell, für eine Unternehmensstrategie und einen Prozess, um Produktentwicklung, Marketing und Vertrieb so auszurichten, dass Kunden zum Verkäufer, zum Produkt und zum Unternehmen ein maximal positives Gefühl haben. Emotion Selling verfügt über Methoden, Instrumente, Scores und Indices, die den Wirkgrad von Kommunikation messbar machen. Das Ziel ist eine überzeugende Kommunikation auf hohem Niveau.

Wie entstand Emotion Selling?

1985 gründeten wir an der Universität Essen eine international tätige, interdisziplinäre Forschungsgruppe. Sie bestand aus Neurologen, Lernpsychologen, Medizinern und Kommunikationswissenschaftlern. Wir haben gemeinsam analysiert, wie erfolgreiche Kommunikation funktioniert. Wir hatten das Glück, mit weltbekannten Experten wie Watzlawick, Cohn, Gordon, Bandler, Grinder und vielen anderen zu arbeiten und von ihnen zu lernen. Ziel unserer Arbeit war, alle relevanten Kommunikationsmethoden zu vergleichen und das Beste aus jeder Methode in ein Modell für exzellente Kommunikation zu integrieren. Das dauerte sechs Jahre. Schnell merkten wir, wie wenig die Kommunikationswissenschaft mit anderen Wissenschaftsdisziplinen vernetzt war und zu wie vielen falschen Schlüssen das führte. Ein Beispiel war die jahrzehntelang gültige Trennung von Verstand und Gefühl.

So galt negative Kritik, jemandem zu sagen, was er falsch gemacht hat, ihn auf Fehler anzusprechen, als rational und sachlich richtige Kommunikation. Obwohl diese Kritik andere frustrierte, demotivierte oder ärgerte, also starke Emotionen auslöste, galt sie als Sachkritik, wenn der Kritiker in der Sache Recht hatte. Solche Denkfehler in Kommunikationsmodellen führten dazu, dass Millionen von Menschen viel zu spät erkannten, dass negative Kritik ihre Beziehungen in Beruf und Privatleben beschädigte oder sogar beendete. Heute wissen wir, dass jedes einzelne Wort immer die Emotionen im Gehirn aktiviert, mit denen es verknüpft ist. Die neuen Theorien der Informationsverarbeitung im Gehirn haben diese künstliche Trennung von Verstand und Emotion beendet. Dadurch verfügen wir heute über eine grundsätzlich neue Logik in der Kommunikation. Mit den Spezialisten aus verschiedenen Wissenschaftsdisziplinen entwickelten wir einen systemischen Ansatz für menschliche Kommunikation.

Wir fühlen immer

Eines der neuen Axiome der Kommunikationswissenschaft heißt: Wir fühlen immer. Jede Information, die das Gehirn in einer hundertstel Sekunde von außen aufnimmt oder durch Denken und Erinnern im Gehirn abruft, aktiviert immer die damit verknüpften Gefühle. Kommunikation heißt immer auch Emotion.

Die im Gehirn gespeicherten und durch Assoziationen aktivierten Gefühle sind weitgehend unabhängig von den Gefühlen, die wir selbst tagtäglich erleben. Wer Dampf ablässt oder anderen Menschen Probleme und Ärgernisse erzählt, hat dabei möglicherweise ein gutes Gefühl. Sein Gehirn aktiviert in dieser Zeit die an das Ärgernis gekoppelten negativen Gefühle, verstärkt sie wie bei einem Lernprozess. Geteiltes Problem ist doppeltes Problem. Geteilte negative Emotion ist doppelte negative Emotion. Viele unserer alten Vorstellungen, z. B. „Geteiltes Problem ist halbes Problem", über die Wirkung von Kommunikation werfen wir nun über Bord.

Negativ assoziierte Wörter lösen Stress aus

Bahnbrechend ist die Verbindung von Kommunikation und Medizin. Wir haben dazu ein Modell entwickelt. Als wir die Informationsverarbeitung im Gehirn, die in jeder Sekunde in unserem Kopf abläuft, aus Sicht der Neurologie und Medizin betrachteten, wurde uns plötzlich klar, dass jeder Reiz von außen und damit auch jedes Wort, jede Kommunikation im Körper hunderte von komplexen Prozessen aktiviert. So löst beispielsweise ein negativ assoziiertes Wort wie das Wort „Problem" immer und ohne Ausnahme im Körper eines Menschen eine messbare Stressreaktion aus.

Durch die Aktivierung der Stresshormone bedeutet das eine Schädigung des Organismus. In der Medizin gilt es heute durch valide Studien als bewiesen, dass negative Kommunikation physiologische Abwehrreaktionen und Vermeidungsreaktionen hervorruft. Ein Kundengespräch von 10 Minuten Dauer enthält im Durchschnitt 40 Wörter und Formulierungen, die bei Kunden negative Assoziationen erzeugen.

Wenn wir heute die menschliche Kommunikation und selbstverständlich besonders die Kommunikation mit Kunden aus der Sicht der neuen Kommunikationsmodelle mit einem systemischen Ansatz betrachten, entdecken wir ganz neue Sichtweisen, Chancen und Möglichkeiten, besser zu kommunizieren. Wer heute und in Zukunft erfolgreich sein will, benötigt eine wesentlich hochwertigere Kommunikation als in der Vergangenheit. Wir haben neue Standards.

Negative Kommunikation bevorzugt

Eine weitere Erkenntnis unserer wissenschaftlichen Arbeit hat uns sehr beeindruckt. Es ist die Erkenntnis, wie stark wir einerseits durch die Biologie und andererseits durch unsere Erziehung negativ geprägt sind und negative Kommunikation bevorzugen. Den meisten Menschen in unserer Kultur erscheint es sehr normal, mehr über Probleme als über Lösungen zu reden, zu sagen, was nicht geht statt was geht, sie reden wesentlich mehr über Ärgernisse, was stört, aufregt, was falsch läuft, nicht gefällt, Kritik ist sehr viel häufiger als Wertschätzung, skeptisch und pessimistisch zu sein, Schwächen an anderen zu finden und vieles andere mehr. Negative Themen wie Krankheiten, Unfälle stehen viel öfter im Mittelpunkt der Unterhaltung als positive Themen. Nach vielen Jahren der Kommunikationsanalysen war unser Fazit: Menschen sind überwiegend Negativwesen und Negativkommunikatoren.

Ist es da ein Wunder, dass wir z. B. negativ assoziierende Werbeaussagen wie: „Nichts ist unmöglich" oder „Wir hassen teuer" für gut halten? „Nicht schlecht" heißt „gut", „kein Problem" heißt „Das machen wir" usw.

Wer aus einer normalen Erziehung kommt, verfügt über einen deutlich größeren negativen als konstruktiven oder positiven Wortschatz. Wer damit in den Verkauf geht, sollte allerdings am besten eine neue Sprache erlernen.

Eine positive und lösungsorientierte Kommunikation

Kunden erwarten völlig zu Recht eine positive, lösungsorientierte, motivierende Kommunikation, und da gibt es viel zu tun. Dazu kommt noch die Erkenntnis, dass die meisten Menschen ein Grundbedürfnis haben, selbst im Mittelpunkt zu stehen und von sich selbst zu erzählen. So liegt es in der Natur des Menschen. Seine biologische Programmierung auf den natürlichen Egoismus ist eine der Ursachen dafür. Der Mensch ist ein Ego-Seller. Wer mit seiner biologisch normalen Kommunikation Kunden etwas verkaufen möchte und plötzlich kundenzentrierte Kommunikation braucht, stellt fest, dass er eine grundsätzlich neue Art zu kommunizieren benötigt.

Wenn wir in Verkaufsgesprächen mit Emotion Selling von einer positiven Gesprächseröffnung sprechen, meinen wir heute eine erheblich höhere Qualität. Wenn wir von Bedarfsermittlung reden, dann wesentlich professioneller und intensiver als bisher. Reden wir über Nutzen, so meinen wir direkten Kundennutzen mit höherem Motivationsgrad für den Kunden. Geht es um Zuhören, dann verstehen wir darunter die professionelle Variante, Kunden mehrere Minuten lang konzentriert zuzuhören, sich genau zu merken, was sie sagen, und im weiteren Verlauf des Gesprächs daran anzuknüpfen. Das ist eine Kunst. Reklamationsgespräche führen wir ohne ein negatives Wort durch, ohne zu widersprechen, und „Geht nicht"-Kommunikation überführen wir in den Lösungsmodus.

Kunden bekommen in Zukunft wesentlich mehr authentische Wertschätzung. Gespräche über Probleme werden extrem verkürzt. Besser ist es, mit Kunden über Lösungsmöglichkeiten zu sprechen. Diese Art der Gesprächsführung kommt schneller auf den Punkt und bringt bessere Ergebnisse. Wer Verkaufsgespräche verbindlich abschließen möchte, fordern möchte und klar kommunizieren möchte, was er will, kann das mit neuen Methoden motivierender als bisher, ohne direkt Druck zu machen und negativ dominant zu sein.

Viele weitere Methoden beschreiben wir später im Buch. Entscheidend ist die Summe der Kleinigkeiten. Sie machen den Unterschied in der Qualität. All diese neuen Standards dienen einem Ziel. Es ist die positive Emotion des Kunden.

> Aus Sicht der modernen Kommunikationswissenschaft sind Emotionen die zentrale Steuerung für Verhalten, Motivation und Entscheidungen von Kunden. Heute, nach der systematischen Analyse tausender Verkaufsgespräche, der Begleitung vieler Kundenbefragungen über die Zufriedenheit mit der Kommunikation von Unternehmen und ihren Verkäufern, sind wir mehr denn je davon überzeugt, dass Emotionen der Schlüssel zu Kunden sind.

Anwendungsbereiche von Emotion Selling

Emotion Selling lässt sich in Marketing und Vertrieb vielfältig einsetzen. Hier ein Überblick über die Möglichkeiten.

Emotion Selling in Marketing und Produktmanagement

Das Image einer Marke wird maßgeblich durch die Emotionen bestimmt, die bei Kunden und Konsumenten durch sie ausgelöst werden. Emotion Selling bietet den für Markenkommunikation Verantwortlichen Erkenntnisse über Emotionen und Emotionsanalysen bei Zielgruppen. Sie erlauben es, maßgeschneiderte Strategien zu fahren und motivierende Botschaften abzusetzen.

Wer die Frage danach beantworten kann, welche Primär- und Sekundäremotionen sowie Kaufmotive bei der Zielgruppe bestimmend sind, kann alle Kommunikations- und Verkaufsstrategien darauf ausrichten. Wer Wissen und Methoden nutzt, um visuelle Kommunikation über Bilder, auditive Kommunikation über Sprache, Texte oder Worte und Musik, kinästhetische Kommunikation über die weiteren Sinneskanäle zu einem Kommunikationskonzept zu machen, das die Zielgruppe genau richtig emotionalisiert, verfügt über eine effektive Markenkommunikation.

Aus Sicht der Neurowissenschaft handelt es sich um neuroassoziative Verfahren, durch die Produkte im Gehirn von Kunden emotional positiv assoziiert und belegt werden. Die assoziierte Emotion wird zum wesentlichen Teil der Kaufmotivation. Oft gehört Mut dazu, eine Emotionsstrategie zu entwickeln und nach außen dazu zu stehen. Zu lange galten Emotionen als weich, jenseits von Seriosität und Fakten. Deshalb taten sich Entscheider verschiedener Branchen lange schwer, sich emotional zu positionieren. Im Finanzsektor dominierte vornehme Zurückhaltung, in vielen technikorientierten Branchen dachte man eher, die technische Lösung als solche sei für Kunden Überzeugung genug.

Banken beispielsweise wollen Sicherheit und Vertrauen kommunizieren, zwei der tiefsten menschlichen emotionalen Bedürfnisse. Mutiger geworden geht es jetzt um Leistung aus Leidenschaft. Die Unternehmen im Automobilsektor, die frühzeitig auf Emotion gesetzt haben, die den guten Stern auf allen Straßen, die Freude am Fahren und Vorsprung durch Technik kommunizierten, darüber hinaus im Premiumbereich angesiedelt sind und mehr Geld kosten als andere, sind heute noch die erfolgreichsten. Sie bedienen eines der wichtigsten Gefühle von Menschen: mehr zu sein als andere, oben zu sein, besonders zu sein.

Die graue Mittelklasse verkauft sich eher über gute Ausstattung, viele Rabatte und ist emotional deutlich weniger attraktiv. Solche Automobilunternehmen verlieren überproportional Marktanteile. Sie riskieren ihre Existenz mit der Entscheidung, sich über niedrige Preise, Zubehör und Benzinverbrauch mit anderen zu vergleichen und zu positionieren und damit für den Absatzerfolg wesentliche Emotionen außer Acht zu lassen. Geringe emotionale Attraktivität verursacht geringe Umsätze und meist auch Erträge.

Zigaretten können für Freiheit und Abenteuer stehen und dadurch eine weit überdurchschnittliche Performance im Markt erreichen. Milch heißt heute Landliebe. McDonald's nutzt als USP (Unique Selling Proposition) „Ich liebe es". McDonald's versucht damit, einen der am positivsten belegten Begriffe in allen menschlichen Kulturen, Liebe, über eine autosuggestive Assoziationstechnik mit seinen Produkten zu verbinden.

Diese und viele andere Beispiele weisen auf einen wichtigen Neuromechanismus hin: Jedes Gehirn auf dieser Welt kann Informationen in beliebiger Form verknüpfen und assoziieren. Das Gehirn ist als neuronales Netzwerk – bildlich vergleichbar mit dem Internet – für freie Assoziationen von der Natur gebaut. Es nimmt zunächst wertfrei alle Formen von Informationen auf und verknüpft sie. Die Realität entsteht erst durch diese Verknüpfung. Wenn das Gehirn oft genug Hamburger sieht und mit der Aussage „Ich liebe es" verbindet, wird das zur assoziierten und gelernten Realität. Ein Gehirn verknüpft Hamburger mit Liebe, Leistung mit Leidenschaft, Freude am Fahren mit BMW, Paul Potts mit der Telekom.

Durch die Anwendung dieser und anderer Prinzipien der Neurokommunikation haben Marketing und Werbung neue Möglichkeiten und viele Chancen, vielleicht auch Zwänge. Wer mithalten will im Rennen um die attraktivste emotionale Assoziation, sollte sich beeilen und sehr professionell arbeiten. Die Kunst besteht einerseits darin, Produkte und Marken positiv zu emotionalisieren und auf der anderen Seite glaubwürdig zu bleiben. Glauben wir wirklich, eine Bank bringt Leistung aus Leidenschaft? Oder eher um Geld zu verdienen?

Eine essenzielle Frage des Emotion Selling ist auch: Welche Emotion ist die stärkste, die intensivste und die wichtigste? Durch Assoziationen an welche Emotion erreichen wir die stärkste Wirkung bei Kunden? Oder koppeln wir Produkte in Zukunft gleich multi-assoziativ an ganze Emotionsbündel? BMW beispielsweise fuhr 2009 eine Masterstrategie, in der es seine Autos gleichzeitig in einem Werbespot an verschiedenste Emotionen und emotional positiv assoziierte Begriffe koppelte. „Wir erschaffen Kunstwerke, gewinnen Freunde, pflegen Freundschaften, geben der

Zukunft ein Gesicht" und am Ende: Freude ist BMW. Diesem Prinzip der Neurokommunikation, das wir Multiassoziation nennen, gehört nach unserer Einschätzung die Zukunft. Multiassoziation erzeugt im Gehirn eine stabilere und komplexere Vernetzung als die Kopplung eines Produkts an eine einzige Emotion.

Strategisch interessant und bedeutsam erscheint uns ein Satz dieser BMW-Werbung, der das Prinzip Emotion Selling treffend beschreibt: „Was Menschen fühlen, ist genauso wichtig wie das, was sie fahren." Wer diesen Satz in seiner vollen Dimension als strategisch relevante Entscheidung erkennt, weiß, dass das Unternehmen BMW diese Marketingstrategie der Emotionalisierung von Kunden mit größter Konsequenz und hohen Investitionen in allen Bereichen des Unternehmens umsetzen wird.

Emotion Selling bietet Erkenntnisse und Methoden darüber, wie man möglichst jede Berührung des Kunden mit einer Marke oder einem Produkt verwerten kann, indem man ihn bindet. Emotion Selling unterstützt dabei,

▶ Produkte für Kunden im Vergleich zum Wettbewerb attraktiv am Markt zu positionieren und Strategien zu entwickeln, um Kunden emotional und dauerhaft an Produkte zu binden,

▶ Marken mit hohem Emotionswert mittel- und langfristig zu entwickeln und die Emotionalisierung der Zielgruppe logisch zu planen,

▶ durch Exklusivmarketing Produkte emotional aufzuladen, ihnen dadurch bei Kunden einen höheren Wert zu geben – um sie aus dem direkten Preisvergleich herauszunehmen und höhere Margen zu erzielen,

▶ dem oft ruinösen Preiswettbewerb zu entkommen, indem ein emotionaler Zusatznutzen geschaffen wird, der es ermöglicht, höhere Preise durchzusetzen,

▶ emotionale Bindung von Kunden als Kern einer Marketingstrategie zu schaffen; Beispiele sind Fielmann, Apple und andere,

▶ Abhängigkeit von Agenturen deutlich zu verringern und die Zusammenarbeit zu optimieren, indem beide Seiten – Unternehmen und Agentur – sich ähnlichen Prinzipien effektiver Kommunikation verschreiben und sie gemeinsam umsetzen,

▶ Briefings für Agenturen wesentlich fokussierter und nach eigenen Vorstellungen zu geben, um viel Zeit und Geld zu sparen,

▶ Agenturvorschläge systematischer evaluieren zu können – dazu systematische und logische Methoden, Instrumente und Testverfahren zu kennen.

Emotion Selling in der Werbung

Werbung im Fernsehen, in Zeitschriften oder Broschüren ist ein starkes Medium, um Kunden und ihre Kaufentscheidungen zu beeinflussen. Umso wichtiger ist es, dass insbesondere einzelne Slogans, Produktbotschaften und ganze Texte, egal, ob sie gehört oder gelesen werden, ebenso wie Bilder, Fotos oder Filme nach den neuen Erkenntnissen der Neurokommunikation entwickelt und präsentiert werden.

Unternehmen und Werbeagenturen können nun wissenschaftlich und logisch begründen, warum eine Werbung erfolgreich sein wird und was sie so aussagekräftig und wirkungsvoll macht.

Verständlicherweise war es in der Vergangenheit oft so, dass vieles in der Werbung intuitiv entschieden wurde. Das Wesentliche war die kreative Idee, die oft aus persönlichen Vorstellungen der Werber entsprang. Sie galten als Künstler und waren es vielleicht auch. Ob ihre Ideen und Kreationen allerdings die Zielgruppe maßgeblich bewegt und zum Kauf animiert haben, war vorher schwer abzuschätzen. Erst nach der Produktion und der Veröffentlichung konnten Marktforschungsdaten dazu erhoben werden. Bis dahin haben Unternehmen sehr viel Geld investiert. Dazu kommt, dass nur wenige Werbexperten eine Ausbildung in Kommunikationswissenschaft, Germanistik oder Psychologie – sei es Lernpsychologie, Motivationspsychologie oder Emotionspsychologie – besitzen. Fachwissen ist aus unserer Sicht die Voraussetzung, um die komplexen Motive von Kunden zu verstehen und Werbung zielgenau zu positionieren.

Emotion Selling bietet hierzu valide Werkzeuge für die Analyse von Werbetexten, TV-Spots, Anzeigen, für die Entwicklung von Drehbüchern und Konzepten für emotionale Kampagnen usw. Ziel ist, deren Wirkungsgrad zu erhöhen und daraus Wettbewerbsvorteile abzuleiten.

So gibt es für ganze TV-Spots das Tool CAT.A (Communication Attractiveness Tool. Advertising). CAT.A bietet die Möglichkeit, anhand von klar definierten Prinzipien und Mechanismen Werbespots systematischer zu planen und besser zu begründen. Der Vorteil ist, dass so die Voraussetzungen für einen Spot mit hoher Attraktivität für Kunden von vornherein geschaffen werden und so die Sicherheit steigt, dass er auch gut ankommt. Selbstverständlich können ebenso fertige Spots analysiert und optimiert werden. Valide Begründung, Kreativität und Intuition gehen in Zukunft Hand in Hand. Wir denken, dass Agenturen, die ihren Kunden in Zukunft belegen können, dass sie ihre Kampagnen anhand von wissenschaftlich begründeten Prinzipien entwickeln, einen signifikanten Wettbewerbsvorteil bei der Vergabe von Aufträgen erreichen.

Emotion Selling bei Wettbewerbspräsentationen: Pitches

Vielleicht erscheint es auf den ersten Blick ungewöhnlich, ein Thema wie „Pitches gewinnen" bei Emotion Selling zu finden. Aber exzellente, wertschätzende, motivierende Kommunikation ist auch und besonders da erforderlich und sinnvoll, wo es bei Präsentationen und Verhandlungen scheinbar primär um Fakten und vergleichbare Daten in Angeboten geht.

Pitches und Präsentationen entscheiden über sehr viel Geld, oft sogar über die Existenz eines Unternehmens. Angebote zu erstellen, ist aufwändig und teuer. Kunden vergleichen Angebote, lassen Anbieter bei Präsentationen gegeneinander antreten, sie machen Castings, sie wählen die Besten aus. Sie haben die Macht. Genauso wenig wie beim Autokauf allein der Preis oder Zahlen, Daten und Fakten über den Kauf entscheiden, ist es bei der Präsentation von Angeboten im Wettbewerb. Entscheider und Einkäufer lassen sich immer auch von Emotionen leiten.

Wenn wir Einkäufer trainieren, bitten wir beispielsweise fünf Einkäufer, sich die gleichen Präsentationen und Angebote anzusehen, danach ihre Entscheidung zu treffen und sie zu begründen. Erstaunlicherweise weichen die Entscheidungen zu etwa 40 Prozent voneinander ab. Bei der gemeinsamen Analyse der Gründe dafür finden wir regelmäßig heraus, dass unterschwellig Sympathie eine Rolle spielt. Noch bedeutender ist die Tatsache, dass es den erfolgreichen Anbietern und Präsentatoren gelingt, emotionale Aspekte wie Sicherheit, Qualität, Zuverlässigkeit besser zu argumentieren, als ihre Konkurrenz es tut.

Emotion Selling bietet Standards und Methoden, mit denen sich die Pitch-Quote, die Zahl der gewonnenen Aufträge im Verhältnis zur Zahl der Versuche, erhöhen lässt. Emotion Selling in Pitches heißt beispielsweise:

▶ Wesentlich genauere Bedarfsermittlung durch eine spezielle Fragerhetorik und Interviewmethodik bei Briefings. Die wesentlich präzisere Analyse der Vorstellungen, Ziele und Erwartungen und der so genannten „heimlichen Motive" der Kunden erzeugt weniger Arbeit und geringere Kosten bei der Erstellung von Angeboten.

▶ Präzisere Angebote, die genauer die Vorstellungen der Kunden treffen. Das erhöht die Chancen für einen Auftrag. Kunden haben das Gefühl, dass ihre Vorstellungen wichtig sind und erfüllt werden.

▶ Bessere Beziehungsebenen zum potenziellen Kunden – bei ähnlichen Angeboten ein entscheidender Vorteil – häufig entschieden durch Sympathie und die persönliche Bindung. Dazu gibt es eine spezielle Gesprächsführung, bei der sich in kurzer Zeit positive Ebenen aufbauen lassen. Je positiver die Ebene, desto mehr Wissen und wichtige, oft entscheidende Informationen geben die späteren Kunden weiter. Das ist Gold wert. Kaum jemand nutzt diese Ebene.

▶ Moderierte und kundenzentrierte Präsentationen, die Erwartungen von Kunden wesentlich besser erfüllen als lange monologischer Vorträge und Präsentationen, die das Risiko bergen, an den Bedürfnissen des Kunden vorbei vorzutragen.

▶ Weniger (gut gemeinte) Selbstdarstellung (der Experte sagt dem Kunden, was richtig ist), stattdessen Commitments über alles.

▶ Eine wertschätzende Moderation von Verhandlungen und eine Gesprächsführung, die Kunden einbezieht und ihnen das wichtigste aller Gefühle gibt: „Ich bin wichtig, stehe im Mittelpunkt, habe die Macht und entscheide." Dieses Gefühl, (Mastergefühl und Wertgefühl) ist der heimliche Steuermechanismus bei Verhandlungen. Oft wird dagegen verstoßen.

Selbst aufwändig und gutgemachte Angebote können an der Art und Weise der Kommunikation scheitern. In der Verhandlungskommunikation können Kleinigkeiten entscheidend sein. Wir erleben oft Verhandlungen, bei denen die Anbieter mit Herzblut und viel Engagement ihre Angebote erläutern, ohne ein einziges Mal die Einkäufer und Kunden zu fragen, was sie darüber denken, wie sie das Angebot einschätzen und bewerten, was ihnen noch wichtig ist, was sie sich genau vorstellen und all das, was Bedingung für eine kundenzentrierte Rhetorik ist. Wenn Einkäufer solche Verhandlungen am Ende unbewusst bewerten, fühlen sie sich unwichtig, nicht einbezogen und gefragt. Die Präsentatoren wiederum haben selbst ein gutes Gefühl, weil sie aus ihrer Sicht gekämpft haben, gute Argumente hatten und sie engagiert vorgetragen haben. Hier stehen sich zwei Emotionswelten diametral gegenüber. Wir halten es für wichtig, das zu verändern.

Teil 2:

Wie Kaufentscheidungen fallen: Der Weg eines Wortes durch den Kopf von Kunden

Ob wir einkaufen gehen, Werbung sehen, Anzeigen in der Zeitung lesen, wir eine Rede hören oder ob wir ein Gespräch mit jemandem führen, der uns etwas verkaufen will – immer nehmen wir Informationen von außen auf, nehmen sie wahr, verarbeiten sie in unserem Gehirn und bewerten sie. Ob wir etwas kaufen oder nicht, ob wir jemanden sympathisch finden oder nicht, ob ein Verkaufsgespräch uns überzeugt oder nicht, entscheidet sich im neuronalen System, im Gehirn. Der Point of Sale liegt im Kopf des Kunden.

Gleiches gilt für Intuition. Intuition ist das Ergebnis eines extrem schnellen, neuromentalen Prozesses der Informationsverarbeitung im Kopf. Intuition ist nur erfolgreich, wenn sie ein Handeln erzeugt, das erfolgreich ist.

Um die oft sehr komplexen Vorgänge im neuronalen System anschaulich zu erklären, laden wir Sie ein, in den folgenden Kapiteln den Weg eines einzigen Wortes aus dem Satz „Sie werden keine Probleme haben" durch den Kopf zu begleiten und dabei die faszinierenden Erkenntnisse der Neurokommunikation kennen zu lernen. Außerdem lernen Sie eine neue Messmethode kennen, mit denen sich die Wirkung von Kommunikation analysieren lässt. Es ist das erste Mal, dass eine körperliche Belastungsreaktion beim Kunden in Verkaufsgesprächen nachgewiesen wurde. Somit erleben wir den Zusammenhang von moderner Stressmedizin, Emotionen und Umsatz. Diese Erkenntnisse helfen Ihnen, den Blick für die wesentlichen „Kleinigkeiten" im Verkaufsgespräch zu schärfen und so messbar besser zu verkaufen.

Das neuronale Netzwerk

Beginnen wir die Geschichte mit dem menschlichen Gehirn. Wissenschaftler in der ganzen Welt sind zurzeit fasziniert von all den Entdeckungen, die wir über das wichtigste menschliche Organ machen. Neurowissenschaft und Gehirnforschung boomen. Ein Teil der Neurowissenschaft ist die Neurokommunikation. Mit den neuen Erkenntnissen der Neurowissenschaft gelangt unser Wissen über Kommunikation zu teilweise grundsätzlich neuen Sichtweisen. Denn das Gehirn ist die große Steuerzentrale für den gesamten Organismus und der Ort, an dem Kommunikation stattfindet.

Schon Felix von Cube hatte das Sender-Empfänger-Modell der Kommunikation beschrieben. Beim heutigen Stand der Neurowissenschaften würden wir sagen: Kommunikation erfolgt von Gehirn zu Gehirn. Wer sendet, hat seine Worte, seine Argumente – genau wie seine Körpersprache – in seinem Gehirn gespeichert. Der Empfänger verarbeitet die Information, die er sieht, hört, riecht, schmeckt und fühlt in seinem Gehirn. Aus diesem Grund ist es gut, möglichst viel über sein Gehirn zu wissen.

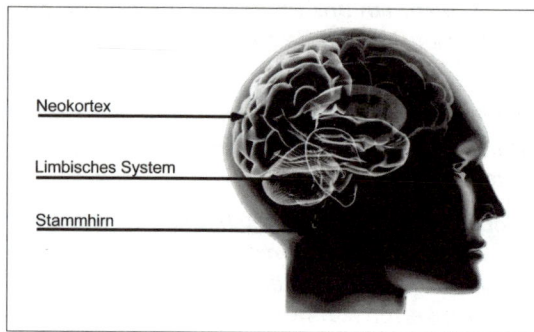

Neokortex

Limbisches System

Stammhirn

Abbildung 3: Aufbau des Gehirns

Das Gehirn besteht im Wesentlichen aus drei Teilen. Teil eins ist der uralte Teil, das Stammhirn. Dort sind zum Beispiel Reflexe gespeichert. Das Stammhirn hat die Aufgabe, Körperfunktionen wie zum Beispiel die Atmung, die Körpertemperatur, das Verdauungssystem und das Herzkreislaufsystem zu steuern.

Das Zwischenhirn, das limbische System, steuert die Ausschüttung von Hormonen im Körper. Lange Zeit galt es als Emotionszentrum. Diese Betrachtung ist aus Sicht der modernen Gehirnforschung nicht mehr haltbar. Wir wissen heute, dass Emotionen größtenteils im Großhirn gespeichert und ausgelöst werden. Vielmehr bekommt das limbische System eine ganze Reihe von Befehlen aus dem dritten Teil des Gehirns, dem Neokortex.

Um Kommunikation zu erklären, beschäftigen wir uns überwiegend mit dem Großhirn, also dem Neokortex. Das ist der Datenspeicher, das neuronale Netzwerk. Dieser Teil des Gehirns hat sich erst später in der Evolution entwickelt und steht im Mittelpunkt der Forschung der Neurowissenschaften. Während unseres gesamten

Lebens nimmt er von Sekunde zu Sekunde riesige Datenmengen über die fünf Sinneskanäle aus der Umwelt auf, verarbeitet und speichert sie. Somit also auch die Sprache.

Wenn ein Mensch geboren wird, verfügt er in seinem Neokortex über etwa 100 Milliarden Neuronen (Nervenzellen). Diese Nervenzellen können Informationen speichern. Sie arbeiten wie PCs bzw. Server. Damit wir uns in jeder Umgebung, in jeder Kultur, in die wir hineingeboren werden, zurechtfinden, ist jedes Gehirn eines Neugeborenen sozusagen leer. Das bedeutet, dass die Nervenzellen im Neokortex, unserem neuronalen Netzwerk, am Anfang unseres Lebens noch nicht vernetzt sind. Die Vernetzung beginnt erst mit der Geburt.

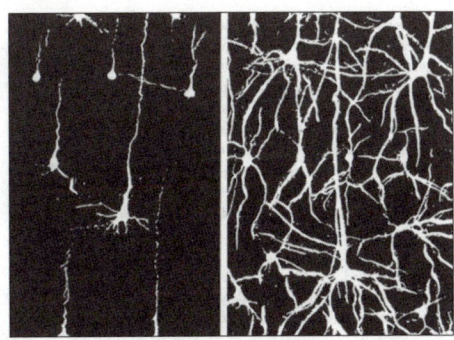

Abbildung 4: Schnitt durch eine Partie der menschlichen Großhirnrinde zum Zeitpunkt der Geburt (links) / im Alter von drei Monaten (rechts), Quelle: Vester (1996)

Dadurch hat jedes Individuum die Möglichkeit, die Normen, die Werte und natürlich auch die Sprache und die Kommunikation in seiner Kultur zu erlernen. Wir selbst wissen, wie viele lange Jahre wir benötigen, um eine Sprache zu lernen. Jedes einzelne Wort wird trainiert, ständig wiederholt und dadurch gelernt. Im Rahmen dieses Lernprozesses erwirbt der Mensch seinen Wortschatz. Darüber hinaus lernt er Sprachmuster und Sprachreaktionen kennen. In vielen tausend Situationen hört er Vorwürfe, wird beschuldigt, kritisiert, gelobt, bekommt Anweisungen, streitet, diskutiert, hält Reden, führt interessante Unterhaltungen oder bespricht Probleme und Lösungen. Von Sekunde zu Sekunde speichert sein Gehirn seine Kommunikationserfahrungen ab und vernetzt sich dabei. Die Nervenzellen wachsen, je mehr Informationen es aufnimmt. Das neuronale Netzwerk, das heißt die Verkabelung unserer Nervenzellen, wird immer dichter. Jedes einzelne Wort, das ein Mensch später hört, zum Beispiel das Wort „Problem" oder das Wort „Glück", ruft in diesem neuronalen Netzwerk die mit diesem Wort verknüpften Erinnerungen, Erlebnisse, Bedeutungen und Erfahrungen auf.

Die sieben Phasen der Kaufentscheidung: Das Nucleus-Modell

Diese Erkenntnisse werden uns helfen, besser zu verstehen, was beim Entscheidungsprozess „Kaufen oder nicht kaufen?" im Kopf des Kunden abläuft. Dazu unterteilen wir den Entscheidungsprozess in sieben Phasen. Sie sind im Nucleus-Modell (Abbildung 5) dargestellt und werden im Folgenden im Detail betrachtet. Das Nucleus-Modell erklärt den Zusammenhang zwischen Wahrnehmen, Denken, Emotionen, Verhalten und Verkauf.

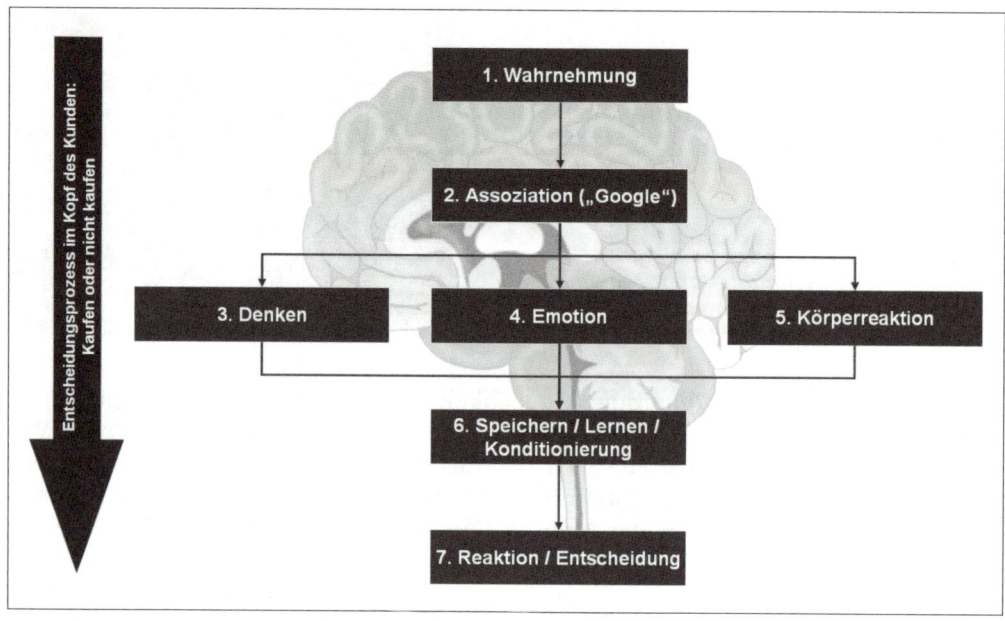

Abbildung 5: Das Nucleus-Modell – Die 7 Phasen der Kaufentscheidung im Kopf eines Kunden

Phase 1: Blitzschnelle Datenverarbeitung: Die Wahrnehmung

„Sie werden keine Probleme haben", sagt der Verkäufer zu uns als Kunde. Der Verkäufer ist der Sprecher, der Sender dieser Information. Sie wird in Form von Schallwellen von unserem Ohr aufgenommen und verarbeitet. Im Ohr werden diese Schallwellen (analoge Informationen) in Nervenimpulse umgewandelt.

Was der Verkäufer gesagt hat, wird als endlose Zahlenkette, als Bits und Bytes verschlüsselt und im Gehirn des Kunden gespeichert. Es wird in 0010110011010101010101011001101101101100001 ... codiert. In der Fachsprache ist das ein Binärcode. Ähnlich wie bei einem PC werden Worte und Sprache als MP3-Datei gespeichert.

Gleichzeitig sehen wir durch unsere Augen das Gesicht des Verkäufers. Die Reize werden durch Nervenleitungen ins Gehirn geleitet, um dort als Videodatei abgespeichert zu werden. Der Vollständigkeit halber sei erwähnt, dass neben dem Hören und Sehen selbstverständlich Geruch, Geschmack und Reize auf der Haut, zum Beispiel der Händedruck des Verkäufers, ebenso als digitale Informationen in das Gehirn geleitet werden. Das ist bei allen Sinneseindrücken gleich.

Die unfassbare Geschwindigkeit

In tausendstel Sekunden ist der Satz des Verkäufers „Sie werden keine Probleme haben" im Gehirn des Kunden angekommen. In tausendstel Sekunden ist sozusagen die Sprach- und Videodatei vom Verkäufer, das Bild von seinem Gesicht, der Umgebung, seiner Körpersprache usw. gespeichert. So zeichnet das Gehirn das Gespräch zunächst vollständig auf. Millionen von digitalen Informationen verarbeitet unser Gehirn pro Sekunde. Vereinfacht ausgedrückt: Es dreht ein Video und nimmt die Sprache und andere Reize auf.

Was bedeutet das für den Verkäufer? Das bedeutet, dass der erste Eindruck in einer bisher unvorstellbaren Geschwindigkeit gefertigt wird. Konzentrieren wir uns einmal nur auf die wenigen Worte des Verkäufers: „Sie werden keine Probleme haben." Der Satz wird im Gehirn des Kunden vollautomatisch verarbeitet. Im Prinzip verfügt das Gehirn über ein extrem schnelles Spracherkennungssystem. Das bedeutet allerdings auch, dass wir die Wirkung unserer Sprache und das, was wir bei anderen wirklich auslösen, aufgrund dieser unfassbaren Geschwindigkeit und Datenmenge keinesfalls bewusst erfassen können. Es ist deshalb durchaus möglich, dass der Verkäufer diese Worte gut meint, sie jedoch im Gehirn des Kunden vollkommen anders bewertet werden. Wir werden später sehen, dass die Wirkung seiner Aussage für ihn selbst, für den Kunden und für seinen Umsatz nachteilig ist.

Für die menschliche Kommunikation bedeutet es generell, dass wir eine ganze Reihe von Angewohnheiten in der Kommunikation haben, die wir zwar für normal halten, die jedoch alles andere als gut für uns sind – weder privat noch im Verkauf. Wenn wir zum Beispiel sagen, was uns stört, wir Dampf ablassen, anderen unseren Ärger erzählen, haben wir oft das Gefühl, dass es uns guttut. Zu wissen, was wir damit auslösen, könnte uns in Zukunft motivieren, dies so selten wie möglich zu tun, wenn uns die Beziehungen zu anderen wichtig sind.

Warum geht diese Datenverarbeitung im Gehirn so schnell? Die Antwort geben die Evolutions- und die Neurobiologie. Das Gehirn ist das wichtigste Organ. Es nimmt ein Leben lang Reize von außen aus der Umgebung auf, verarbeitet sie und steuert den Körper. Lebewesen mussten, um überleben zu können, Gefahren, Feinde und Reize aus der Umgebung wahrnehmen (das heißt: sehen, hören, riechen, schmecken oder spüren) und extrem schnell, sei es durch Flucht, Kampf oder Angriff, reagieren. Je schneller Gehirne in der Lage waren, auf Gefahren zu reagieren, je weniger Zeit zwischen Sehen, Hören und Reagieren lag, desto größer war die

Chance zu überleben. Die Geschwindigkeit in der neuromentalen Informationsverarbeitung wurde von der Natur in Millionen von Jahren immer mehr gesteigert. Die Wahrnehmung von Lebewesen wurde also Millionen Jahre lang darauf trainiert, schnell zu sein.

> Die Entdeckung der Tatsache, welche unglaublichen Mengen an Informationen und Daten das Gehirn pro Sekunde verarbeitet, eröffnet uns eine ganz neue Sichtweise auf unsere Kommunikation und ihre Wirkung.
>
> Aufgrund dessen, dass die Information in tausendstel Sekunden im Gehirn verarbeitet wird, hat der Verkäufer keine Chance, bewusst wahrzunehmen, was er beim Kunden auslöst, also ob seine Aussage gerade den Kunden zum Kauf motiviert hat oder nicht. Was in tausendstel Sekunden passiert, läuft zu mehr als 99 Prozent unbewusst ab. Dennoch gibt es Gesetzmäßigkeiten, die genau das erklären können. Wir können diese Unspürbarkeit durch Wissen ersetzen und damit Einfluss auf die Kaufmotivation nehmen.

Phase 2: Die mentale Suchmaschine: Neuroassoziation oder das Google-Prinzip

Kommunikation, also Sprache und Körpersprache, wirkt zum größten Teil unterbewusst. Für die Praxis heißt das, dass wir keine Chance haben, bewusst wahrzunehmen, was bei Kommunikation wirklich in unserem Kopf oder im Kopf des anderen passiert. Doch auch wenn ein Großteil der Kommunikation und der Informationsverarbeitung unbewusst abläuft, so haben wir doch heute die Prinzipien entschlüsselt und können sie nutzen.

Moderne Verfahren der Neuroforschung, speziell die Magnetresonanztomographie, stellten zum Erstaunen der Forscher fest, dass einzelne Wörter verschiedenste Zentren im Gehirn gleichzeitig aktivieren können. Die Magnetresonanztomographie zeigt auf dem Bildschirm, welche Zentren im Gehirn aktiv sind. Unterschiedliche Farben zeigen, ob ein Zentrum stärker oder schwächer aktiviert wurde. Das Gehirn arbeitet u. a. elektrisch. Es leitet Ströme, während es Informationen, zum Beispiel Wörter, verarbeitet. Am Rande sei erwähnt, dass die elektrische Aktivität des Gehirns ausreicht, um eine Glühbirne zum Leuchten zu bringen.

Wir wissen jetzt, dass das Wort „Problem", das der Verkäufer ausgesprochen hat, nicht nur in den Sprachzentren, sondern auch in den Emotionszentren eine neuronale Aktivität auslöst. Während der Verkäufer Wörter einfach ausspricht, ahnt er wahrscheinlich nicht im Entferntesten, was er damit beim Kunden bewirkt.

Was bedeutet das für das Verkaufen? Jedes Wort wird im Kopf, im Neokortex, des Kunden in eine neuromentale „Suchmaschine" eingegeben. Jedes Wort löst alle seit der Geburt im Kopf gespeicherten Erinnerungen und Assoziationen aus. Daraus entstehen die Macht und die Wucht der Worte.

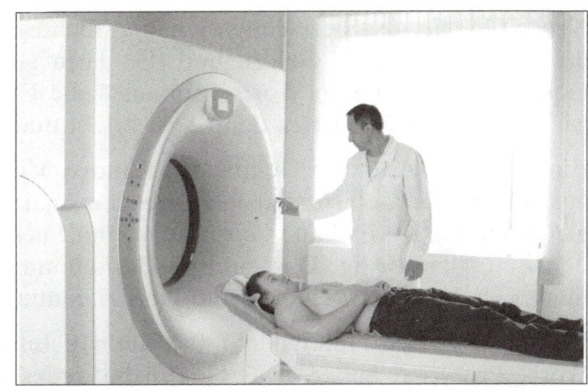

Abbildung 6: Kernspintomographie

Zurück zu unserem Beispiel. „Sie werden keine Probleme haben", sagte der Verkäufer. Diese Worte sind jetzt im Gehirn des Kunden angekommen und werden im nächsten Schritt assoziiert. Das heißt, das Gehirn überprüft, welche Erfahrungen und Eindrücke wir im Leben mit diesen Worten verknüpft haben. Es überprüft jetzt, ob es diese Wörter kennt und was sie bedeuten. Dabei funktioniert das Gehirn genau wie eine Suchmaschine im Internet, wie zum Beispiel Google. Jedes einzelne Wort der Sprache ist ein Suchbegriff für das Gehirn, für das neuronale Internet in unserem Kopf.

Das Internet, in dem Google sucht, besteht aus rund 1,35 Milliarden PCs weltweit. Unser Gehirn besteht aus rund 100 Milliarden Neuronen, die wiederum jede bis zu 10 000-mal miteinander verknüpft sind. Die Menge an Assoziationen, die unser Gehirn findet, ist also noch wesentlich größer als die Menge, die Google findet. Dennoch wird hier das Prinzip sehr gut deutlich.

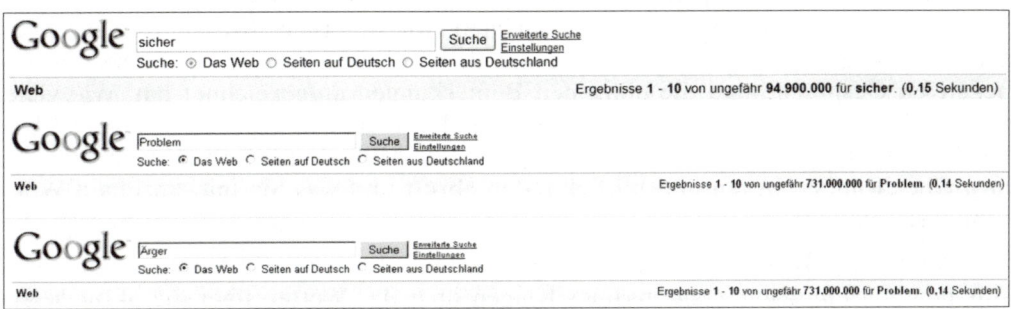

Abbildung 7: Das Google-Prinzip

Wenn wir uns an unseren PC setzen und bei Google das Wort „Problem" eingeben, findet diese Suchmaschine etwa 730 Millionen Informationen zu diesem Wort. Zumindest war es zum Zeitpunkt so, als wir dieses Buch geschrieben haben. Es kann sehr gut sein, dass sich die Anzahl der Ergebnisse bei Google inzwischen erhöht hat, weil neue Internetseiten dazugekommen sind. So wächst die Anzahl der Seiten im Internet genauso wie die Vernetzung in unserem Gehirn. Je älter wir werden, desto mehr Erinnerungen werden wir an das Wort „Problem" haben.

Neuro-Google – so bezeichnen wir die Suchmaschine im Gehirn – greift dabei auf das riesige Netzwerk Gehirn und die darin gespeicherten Informationen zu. Das Gehirn sucht jetzt zum Wort „Problem" alle Erinnerungen und Informationen, die wir seit unserer Geburt zu dem Wort erlebt und im Gehirn gespeichert haben.

Ein Wort reicht, um im Gehirn des Kunden Millionen bis Milliarden Assoziationen auszulösen. Im Gehirn sind mehrere neuronale Suchmaschinen, „Neuro-Googles", gleichzeitig aktiv. Es laufen sozusagen fünf Such- bzw. Erkennungsmaschinen zu jeder Zeit gleichzeitig. Das sind: Bilderkennung, Spracherkennung, Geruchserkennung, Geschmackserkennung und die Erkennung von Tastreizen.

Was verbirgt sich hinter den 730 Millionen Informationen, die Neuro-Google zum Wort „Problem" findet? Das Gehirn hat jedes Problemgespräch, jede Problemdiskussion, jede Auseinandersetzung, jeden Konflikt, Probleme, die wir im Fernsehen gesehen haben, Probleme in der Schule mit Lehrern und Mitschülern oder Klassenarbeiten, Probleme, die wir mit anderen Menschen hatten, aufgezeichnet und gelernt. Es hat sie genauso gelernt, wie wir Lesen, Rechnen und Schreiben gelernt haben.

Wir können uns das so vorstellen, dass das Gehirn Problemgespräche und Problemsituationen als Video aufgezeichnet hat. Es hat einen Film davon gedreht, wo das Gespräch stattgefunden hat, wer dabei war und was genau passierte. Es hat auch die Sprache aufgezeichnet. Wer hat was gesagt? Wie war der Ton? Welche Bemerkungen sind gefallen? Wer das testen will, braucht sich nur an ein Problemgespräch zu erinnern. Wissen Sie noch, wo Sie das Gespräch geführt haben? Worum ging es? Wie war der Ton? Wie ging das Gespräch zu Ende? Wenn wir uns an ein solches Gespräch erinnern können, ist das der Beweis dafür, dass dieses Gespräch im Gehirn gespeichert ist.

Was schätzen Sie, wie viele Minuten wir im Leben über Probleme sprechen, Probleme erzählen, negative Bemerkungen machen, wir ärgerlich, frustriert oder angespannt sind? Stellen wir uns weiterhin vor, dass unser Gehirn den größten Teil der negativen Gespräche und die einzelnen Bemerkungen aufgezeichnet hat. Wie viele zig tausend oder hundertausende einzelne Eindrücke hat es gegeben? Vielleicht bekommen Sie jetzt eine erste Idee davon, wie viele Millionen Informationen das Gehirn eines Kunden in tausendstel Sekunden abruft und was Sie mit einzelnen Wörtern auslösen können.

Am Anfang macht es noch Spaß, sich gemeinsam über etwas aufzuregen. Übereinstimmende Meinungen, gemeinsames Klagen über das Wetter, über die aktuelle Situation in der Firma, über den Chef, über die viel zu hohen Vorgaben in einem Projekt, über die viel zu viele Arbeit usw. verbindet. Scheinbar. Denn ab dem ersten Wort, ab der ersten Sekunde, werden sich die Gesprächspartner gegenseitig negativ assoziieren. Das bedeutet, dass sich die Gesprächspartner gegenseitig schon negativ buchen, obwohl sie noch ein positives Gefühl haben.

Das ist wie bei einem Konto. Jedes negative Wort, jedes negative Argument führt zu einer Abbuchung auf dem Sympathiekonto des anderen. Das bedeutet, der eigene Sympathiewert, also das positive Gefühl zum anderen, sinkt. Hat man selbst, bildlich gesprochen, zu Beginn noch 1 000 € Guthaben auf dem Sympathiekonto des anderen, so wird jedes Mal durch eine negative Bemerkung etwas abgebucht. Mal sind es 20 €, mal 100 €, mal 350 €, je nachdem, wie intensiv die Bemerkung war.

Und so beginnt unspürbar die Abwärtsspirale, noch ehe wir bewusst ein negatives Gefühl haben, denn Neuro-Google arbeitet immer. Das positive Gefühl, „verstanden zu werden" und einen Gleichgesinnten gefunden zu haben, dominiert so lange, wie sich das Konto im Plus befindet. Je mehr es ins Minus geht, also je mehr durch negative Aussagen vom Sympathiekonto abgebucht wird, desto größer und stärker werden auch die negativen Emotionen. Die Folge: Der Sympathiewert sinkt.

Der Mensch möchte intuitiv, dass es ihm gut geht, und er spürt, dass es ihm durch eine ständige, negative „Google-Kommunikation" nicht gut geht. Aussagen wie: „Der zieht mich herunter", „Ich fühle mich wie ein Mülleimer" oder „Ich bin nach einem Gespräch mit X leer" sind als Folge unausweichlich. Es ist nur eine Frage der Zeit, bis sich einer der beiden Gesprächspartner zurückzieht.

Die Annahme, dass gemeinsames Leiden, Klagen und Meckern verbindet, ist also nur zum Teil richtig. Denn das gilt nur zu Beginn, nur für einen kurzen Moment. Auf Dauer verschlechtert sich die Beziehung zunehmend. Nur durch ein positives „Google-Gespräch" kann eine emotional positive Verbindung zwischen den beiden Parteien aufgebaut werden.

Emotion-Selling-Tipp:

Entscheidend ist weniger das, was Sie sagen, als das, was Sie im Kopf des Kunden bewirken. Sie sind so attraktiv für Ihren Kunden wie die Assoziationen, die Sie durch Ihre Kommunikation in seinem Kopf auslösen. Die Hauptfrage ist: Wie können Sie als Verkäufer kommunizieren, um sich selbst, Ihr Produkt und Ihr Unternehmen positiv beim Kunden zu „googeln"? Hierbei – so hat die Neurowissenschaft gezeigt – kommt es auf jedes Wort an. Es ist eine neue Sensibilität und Qualität in der Sprache erforderlich.

Das neue „Google-Verkaufen"

Viele Verkäufer sagen im Laufe eines Verkaufsgesprächs zu ihren Kunden: „Kein Problem", „Das ist kein Problem" oder „Damit werden Sie keine Probleme haben". Genau in diesem Augenblick wird automatisch das Wort „Problem" an das Produkt, an das Unternehmen, an den Verkäufer und an die Marke gekoppelt.

Was wäre, wenn der Verkäufer gesagt hätte: „Gern" oder „Das erledige ich gern für Sie"? Dann wäre die inhaltliche Aussage die gleiche gewesen, aber die emotionale eine weitaus positivere und verkaufsfördernde. Denn dann wäre das Wort „gern" an das Produkt, an das Unternehmen, an den Verkäufer und an die Marke gekoppelt worden.

Das neue „Google-Verkaufen" bedeutet also, dass jeder Verkäufer einen wesentlich größeren Einfluss auf die Beziehungsebene zum Kunden und auf die Kaufmotivation hat als bisher angenommen. Verwendet der Verkäufer überwiegend negative Worte, spricht er negative Themen an oder problematisiert er, so werden beim Kunden auch überwiegend negative Assoziationen aufgerufen. Das hat zur Folge, dass die Beziehungsebene insgesamt leidet. Verwendet ein Verkäufer überwiegend positiv assoziierte Worte, spricht er über Lösungen, Chancen, Möglichkeiten oder angenehme Themen, so wird die Beziehungsebene gestärkt. Beide fühlen sich wesentlich wohler. Die Folge ist: Die Kaufmotivation des Kunden ist wesentlich höher als beim negativen „Google-Gespräch".

Emotion-Selling-Tipps:

Neuro-Google läuft immer. Wenn Sie überzeugen und eine gute Beziehungsebene aufbauen wollen, muss Sie Ihr Gesprächspartner emotional positiv „googeln". Das gilt beruflich genauso wie privat. Deshalb gilt:

▶ Nutzen Sie so häufig wie möglich positiv assoziierte Worte, dadurch erhöhen Sie enorm Ihre Überzeugungskraft und bauen wesentlich leichter eine gute Beziehungsebene zum Kunden auf.

▶ Nutzen Sie negativ assoziierte Worte nur, wenn es unbedingt nötig ist.

▶ Nutzen Sie positiv assoziierte Worte, selbst wenn es um einen negativen Sachverhalt geht. Das funktioniert, wenn Sie sagen, was Sie wünschen, statt was fehlt, oder wenn Sie sagen, was die Lösung ist, statt das Problem zu nennen.

Phase 3: Der wichtigste Bewertungsmechanismus: Die Emotionen

Es gehört zu den wichtigen Entdeckungen der Neurowissenschaften, dass das Gehirn jede Information, die es aufnimmt, assoziiert und verarbeitet, immer mit einem Gefühl verknüpft. Antonio R. Damasio, einer der derzeit angesehensten Neurologen und Professor an der Universität von Südkalifornien, spricht in diesem Zusammenhang von emotionalen Markern. Das bedeutet, dass wir im Alltag in jeder Sekunde alles, was wir sehen, hören, riechen, schmecken oder spüren, immer durch Emotionen bewerten werden.

Das Gehirn verknüpfte jede Information mit einer Emotion

Emotionen sind der wichtigste Bewertungsmechanismus, den die Natur bei der Entwicklung der Gehirne von Lebewesen eingerichtet hat. Wieso ist das so? Auch hier geben die Evolutions- und Neurobiologie die Antwort. Es handelt sich um einen Schutzmechanismus, der das Überleben sichert. Für Tiere und Menschen ist es wichtig, negative Erfahrungen aller Art zu behalten und zu speichern, sie im Prinzip zu lernen, um sich vor ihnen in Zukunft zu schützen.

Wenn ein Zebra beispielsweise einen Löwen sieht, wird das Bild des Löwen über sein Auge aufgenommen, durch Neuro-Google assoziiert, alle Erinnerungen an Löwen in etwa einer tausendstel Sekunde aufgerufen und durch ein Gefühl bewertet. Für das Zebra dürfte das in der Regel ein schlechtes Gefühl sein. Dieses schlechte Gefühl ist die Grundlage dafür, dass das Zebra anschließend reagiert und höchstwahrscheinlich flieht, um sich zu schützen.

Ein weiteres gutes Beispiel ist die Herdplatte. Das Gehirn macht ein Bild davon, zeichnet die Szene auf, als wir an die heiße Herdplatte fassten, und speichert diese Szene im Gehirn ab. Der Schmerz, den wir an den Fingerspitzen spüren, wird durch Nervenleitungen an das Gehirn gemeldet und dort ebenso wie das Bild aufgezeichnet, gespeichert und gelernt. Durch Verknüpfungen und Assoziationen verbindet das Gehirn jetzt das Bild von der Herdplatte als visuelle Information, den Schmerz auf der Haut als taktile Information und den Schrei, weil die Hand weh tat, als auditive Information. Gleichzeitig bewertet es die Situation mit einem Gefühl. In diesem Fall ist das logischerweise ein schlechtes Gefühl, eine negative Emotion. Das Gleiche gilt selbstverständlich auch für positive Assoziationen. Auf diese Weise kodiert das Gehirn die Information und legt sie in verschiedenen Zentren und Speichern ab. Die Bilder legt es in den visuellen Speicher, die Töne in den auditiven Speicher und so weiter.

Das Gehirn hat in der Vergangenheit bei jeder Problembemerkung und jedem Problemgespräch auch aufgezeichnet, wie wir uns gefühlt haben. Ein negatives Gefühl zeichnet es auf, wenn wir ärgerlich, angespannt, sauer oder wütend waren, uns angegriffen, zu Unrecht kritisiert oder falsch behandelt fühlten und vieles andere. Diese Filme, diese Problemfilme, hat es für immer gespeichert. Wenn sie einmal gespeichert sind, können sie nicht mehr gelöscht werden. Sie liegen für den Rest des Lebens im Unterbewusstsein.

Es kann durchaus sein, dass wir uns später scheinbar nicht mehr an jedes Problemgespräch bewusst erinnern können, das wir im Laufe des Lebens hatten. Es wäre ja auch ein Wunder, wenn wir uns bei der Datenmenge, die wir pro Sekunde aufnehmen und bearbeiten, jede einzelne Szene über viele Jahre merken könnten.

Das Gehirn allerdings, unser Speicher, merkt sich alles, was einmal im Langzeitgedächtnis abgelegt ist. Das Gehirn hat alle Erinnerungen präsent. Als neuronales Internet ist es der riesige Speicher, in dem im Prinzip unser gesamtes Leben aufgezeichnet ist.

Gespeicherte und gefühlte Emotionen

Hier geht es um Schmetterlinge im Bauch oder die Frage: Beginnen Emotionen im Kopf? Die Antwort der Neurowissenschaften ist heute eindeutig. Emotionen werden zum größten Teil im Neokortex, dem Großhirn, als Teil unserer Erinnerungen und Erfahrungen abgespeichert. Ein ganz kleiner Teil der Emotionen wird im Zwischenhirn abgelegt.

Sobald wir z. B. an einen Espresso denken, ruft das Gehirn die mit Espresso verknüpften Gefühle ab. Angenommen, jemand hat in seinem Leben tausendmal einen Espresso getrunken. Dann hat er im Kopf tausend Erlebnisse mit einem Espresso als Videodatei abgespeichert. Jedes Mal, wenn er einen Espresso getrunken hat, hat das Gehirn nicht nur das Video gedreht, sondern damit auch ein Gefühl verknüpft. Angenommen, es waren besonders schöne Momente mit netten Menschen nach einem guten Essen, dann hat unser Gehirn diese positiven Emotionen aufgezeichnet und als Erinnerungen abgespeichert.

Zu jeder der tausend Situationen findet Google jetzt das gespeicherte Gefühl. Wenn Espresso in der Summe als positiv abgespeichert wäre, gibt das Großhirn jetzt den Befehl an den Körper weiter: Wir haben gerade ein gutes Gefühl, aktiviere Gefühlshormone für positive Gefühle wie Serotonin, Dopamin und andere.

Gleichzeitig geht die Information vom guten Gefühl, vom Espressogefühl, an die Muskulatur. Die Muskelspannung verändert sich, was wir als Bauchgefühl erleben. Das Gleiche passiert, wenn wir jemanden lieben. Das Gehirn ruft eine noch stärkere Muskelspannung auf, und es scheint, als hätten wir Schmetterlinge im Bauch.

Das, was im Bauch passiert, wird im Gehirn ausgelöst. Die Schaltung beginnt im Kopf. Bei Vorträgen höre ich immer wieder die Frage: „Ist denn diese Erklärung von Emotionen nicht sehr nüchtern, rational und emotionslos, eben wissenschaftlich?" Meine Antwort lautet: „Ein Genuss bleibt ein Genuss, Freude bleibt Freude, Lebensgefühl bleibt Lebensgefühl – unabhängig davon, wo sie entsteht, ist es schön, diese Emotion auszuleben."

 Emotionen sind im Kopf. Sie sind Teil unserer Erfahrung und Erinnerung. Dahinter steckt ein sehr wichtiges Prinzip der Neurokommunikation: Emotionen sind gelernt und im Großhirn, im Neokortex, gespeichert.

Der Paradigmenwechsel: Jedes Gefühl wird immer neuronal hergestellt

Wer bis heute gedacht hat, Gefühle hätten ein Eigenleben, sie kämen einfach so, sie wären einfach da, dem bieten die Neurowissenschaften ein neues Ursachenmodell. Jedes Gefühl wird immer neuronal hergestellt. Das Axiom der Neurowissenschaften lautet: Wir fühlen immer. Die Trennung von Ratio und Emotio, die Trennung von Verstand und Gefühl, gehört der Vergangenheit an. Damit verabschieden wir uns von einem Denkmodell, das viele Jahrzehnte die Diskussion in der Wissenschaft beherrscht hat.

Die Zukunft gehört einem fundierten, systemischen und ganzheitlichen Denkmodell, das erst durch die Neurowissenschaften möglich wurde. Alle Informationen, die das Gehirn verarbeitet – und das sind Millionen pro Sekunde – werden mit Gefühlen beziehungsweise Emotionen verknüpft. Wir setzen hier die beiden Begriffe synonym. Die Zukunft gehört folgenden Axiomen:

▶ *Ich nehme wahr, also fühle ich.* Alle Informationen, die wir über die fünf Sinneskanäle (sehen, hören, riechen, schmecken, spüren) in das Gehirn aufnehmen, die zu dem Datenstrom gehören, der pro Sekunde in den Kopf geleitet wird, werden durch Emotionen bewertet.

▶ *Ich assoziiere, also fühle ich.* Alle Informationen, die im neuronalen Netzwerk, im neuronalen Internet pro Sekunde aktiv sind, und alle durch Wahrnehmung und Denken ausgelösten Assoziationen, Verknüpfungen und Erinnerungen lösen immer Emotionen aus.

- *Ich denke, also fühle ich.* Jeder einzelne Gedanke ist ein Auslöser für Millionen Assoziationen. Damit ist jeder Gedanke Auslöser von Emotionen.

- *Ich spreche, also fühle ich.* Sobald wir selbst sprechen, rufen wir vorher im Gehirn – in den Sprachspeichern – abgespeicherte Informationen, Worte, Sätze, Betonungen usw. ab. Dieses Abrufen von Informationen ist ein Aufrufen von Emotionen. Sobald wir beispielsweise jemanden kritisieren, aktiviert unser Gehirn die negativen Emotionen, die im Laufe unserer Erfahrungen mit Kritik verknüpft und assoziiert worden sind.

- *Ich höre, also fühle ich.* Wann immer jemand mit uns spricht, wir Radio hören oder fernsehen, wird alles, was wir hören, assoziiert und in hundertstel Sekunden durch Emotionen bewertet. Das gilt für jedes einzelne Wort, jeden Satz und jeden Ton.

Negativ geht vor – die selektive Negativwahrnehmung

Der Kunde reagiert wesentlich sensibler auf Negatives als bisher angenommen. Das wiederum hat einen größeren Einfluss auf die Kaufmotivation als bisher gedacht. Die Natur hat unser Gehirn so gebaut, dass uns Negatives, Probleme, Fehler, Schwächen, Ärgernisse, negative Kleinigkeiten zuerst auffallen. Dahinter steckt ein alter Schutzmechanismus: Unsere Wahrnehmung ist zu einem sehr großen Teil darauf ausgerichtet, alles, was mit Gefahr zu tun hat oder haben könnte, verstärkt und zuerst wahrzunehmen. Auch noch heute fallen uns in einem Brief Rechtschreibfehler eher auf als die Wörter, die richtig geschrieben sind. Selbst wenn von 100 Wörtern nur zwei Wörter falsch geschrieben sind, fallen diese zwei Wörter als Fehler besonders auf.

Und so ist es auch nicht verwunderlich, dass uns die Worte und Aussagen in einem Verkaufsgespräch besonders auffallen, die negativ sind. Genau diese Aussagen sind es, die uns besonders im Gedächtnis haften bleiben und unsere Kaufentscheidung maßgeblich beeinflussen. Wir nennen dies das **90 : 10-Prinzip der Wahrnehmung**. Was bedeutet das für den Verkauf? Der Kunde richtet intuitiv seine Aufmerksamkeit auf die Worte und Aussagen des Verkäufers, die negativ sind. Wenn in einem Verkaufsgespräch 90 Prozent der Kommunikation und der Argumente gut sind, reagiert der Kunde auf 10 Prozent negative Worte und Argumente mit 90 Prozent der Aufmerksamkeit.

 Emotion-Selling-Tipp:

Achten Sie als Verkäufer besonders sensibel auf Ihre Wortwahl und Ihre Aussagen, um möglichst wenige negative Assoziationen hervorzurufen. Diese bleiben besonders im Kopf des Kunden haften und lösen überwiegend negative Emotionen aus. Sie halten Kunden davon ab zu kaufen und stören die Beziehungsebene. Negative Emotionen haben im Gehirn Vorrang; sie sind Primärmotivationen.

Negativ mal 3 – Das Gesetz der Intensität

Biologisch bedingt bewertet das Gehirn negative Wörter und Aussagen stärker. Ein negativer Reiz löst intensivere Emotionen aus. Neurowissenschaftlich betrachtet wirken demnach negative Reize stärker. Wie funktioniert das? Das Aktionspotenzial in der Nervenzelle, dem Neuron, ist größer. Dieses Aktionspotenzial entscheidet darüber, wenn es groß genug ist, dass die Nervenzelle Informationen weiterleitet. Die Nervenzelle wird elektrisch aktiv. Es fließt Strom. Bildlich ausgedrückt ist das Aktionspotenzial die Kraft, die nötig ist, um einen Lichtschalter zu betätigen, der anschließend den Stromfluss auslöst, der die Lampe zum Leuchten bringt. Im Prinzip arbeitet das Gehirn genauso. Bei positiven Wörtern ist die Reizstärke geringer. Das bedeutet, dass unser Gehirn positive Eindrücke und Reize wesentlich seltener abspeichert, weil sie nicht die nötige „Stromstärke" erreichen. Im Kundengespräch bedeutet das, dass das Gehirn des Kunden die positiven Aussagen und Argumente zur Kenntnis nimmt, sie allerdings wesentlich weniger behalten werden. Negativ assoziierte Wörter und Argumente hingegen nimmt der Kunde intensiver wahr. Das Gehirn nutzt eine Art Filter, mit dem es negative Wörter gezielt heraussucht.

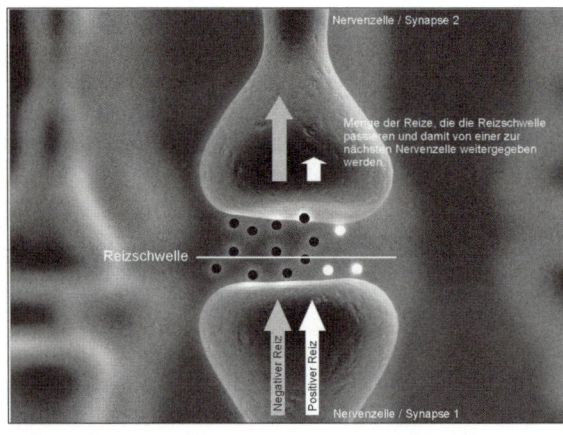

Abbildung 8: Reizschwelle: Negative Reize sind intensiver als positive und werden besser von Neuron zu Neuron weitergegeben

Am Ende des Gesprächs bleiben im Kopf des Kunden die wenigen negativen Aussagen besonders hängen. So funktioniert das Gehirn, so funktioniert die Natur. Das bedeutet leider auch, dass wir negative Wörter, Bemerkungen und Aussagen im Laufe unseres Lebens viel mehr aufnehmen und speichern. Das Negativkonto im Kopf wird dadurch von Tag zu Tag größer. Über die einzelnen Wörter hinaus gilt das grundsätzlich für viele Bereiche unserer Kommunikation.

Wenn Sie sich das Vergnügen gönnen, einmal die Sprache im Alltag zu beobachten und zu registrieren, wie viele negative Wörter, Nicht-Formulierungen wie „Geht nicht", „Kann ich nicht", wie viele Problemformulierungen und negative Themen vorkommen, werden Sie sicherlich überrascht sein. Uns wurde im Rahmen des Forschungsprojekts an der Universität zum ersten Mal bewusst, wie negativ die Alltagssprache ist und für wie normal wir das halten. Diese Erkenntnis hat uns sehr beeindruckt, weil uns zunehmend die Folgen und Konsequenzen bewusst wurden. Spätere Analysen von Kundengesprächen bestätigten diesen Eindruck.

Was bedeutet das für den Umgang mit Kunden? Den Abschied vom erlebten Gefühl. Die positive Absicht ist das eine und die wahre Wirkung das andere. Wir werden später noch feststellen, dass die eutsche Sprache stark von Negativformulierungen durchsetzt ist. Das gilt auch für die Kommunikation mit Kunden – natürlich meist ungewollt. Hier gibt es viel Veränderungsbedarf. Schon wenige negative Wörter und Aussagen reduzieren die Kaufmotivation des Kunden überproportional.

Jedes einzelne Wort hat einen Emotionswert

Jeder Reiz von außen, jedes Wort, jede Aussage, jede Bemerkung und jedes Argument, wird in Sekundenbruchteilen im Gehirn verarbeitet und durch eine Emotion bewertet. Wo kommt diese Emotion her? Sie kommt aus unserer Erfahrung. Angenommen wir haben vor vielen Jahren mit jemandem einen Konflikt gehabt und ein Problemgespräch geführt. Wir haben uns beispielsweise zehn Minuten lang kritisch mit jemandem unterhalten, haben gesagt, was uns nicht gefällt, und eine kleine Auseinandersetzung gehabt. Das Gehirn hat nicht nur aufgezeichnet, wo es war, wer dabei war, was gesagt wurde, sondern auch das Gefühl, das wir während des Problemgesprächs hatten. Über die vielen Jahre, in denen wir immer wieder das Wort „Problem" gehört haben, wurde es immer mit Emotionen – in der Regel mit negativen Emotionen – verknüpft. Das bedeutet, dass wir, wenn wir Jahre oder Jahrzehnte später das Wort „Problem" hören, automatisch in ein negatives Gefühl geschaltet werden. In ganz seltenen Fällen spüren wir das bewusst. Zu 99,9 Prozent verläuft das Auslösen des negativen Gefühls automatisch in tausendstel Sekunden.

Gleiches gilt auch für positive Emotion. Denken Sie zum Beispiel an das Wort „Freude" und machen Sie sich einmal bewusst, wie viele tausendmal Sie das Wort „Freude" gehört haben und was Sie alles mit dem Wort verknüpfen. Vielleicht fallen Ihnen Freunde ein, die Sie getroffen haben, Urlaub und viele andere schöne Situationen und Momente. Alles ist an das Wort „Freude" gekoppelt. All das löst der Verkäufer im Kopf des Kunden aus, wenn er „Freude" sagt.

Dabei ist Folgendes zu bedenken: Jeder Mensch hat in seiner Lerngeschichte von Sekunde zu Sekunde Millionen von Informationen aufgenommen und logischerweise die unterschiedlichsten Eindrücke und Erfahrungen gesammelt. Das bedeutet, dass jeder Mensch mit dem Wort „Problem" oder „Freude" die unterschiedlichsten Situationen, Erfahrungen und Erlebnisse verknüpft. Wie kann jemand also wissen, wenn er ein Wort wie „Freude" benutzt, was er beim anderen auslöst? Die Antwort: Natürlich sind die Erfahrungen individuell und subjektiv unterschiedlich. Das Gefühl allerdings, das mit Freude assoziiert ist, dürfte immer positiv sein. Gleichermaßen dürfte das Gefühl zum Wort „Problem" negativ sein.

Der Emograph im Gehirn – das Gehirn zeichnet alles auf

Das Gehirn zeichnet akribisch in jeder Sekunde Gefühle und Gefühlszustände auf und speichert sie. Je älter wir werden, je mehr positive Sekunden wir im Alltag erleben, desto größer wird im Gehirn der neuromentale Speicher der positiven Emotionen, desto mehr lernen und programmieren wir unser Gehirn auf ein gutes Lebensgefühl, Spaß am Leben, Freude, Optimismus und Wohlbefinden. Doch genauso ist es umgekehrt. Die Folge können Depressionen sein.

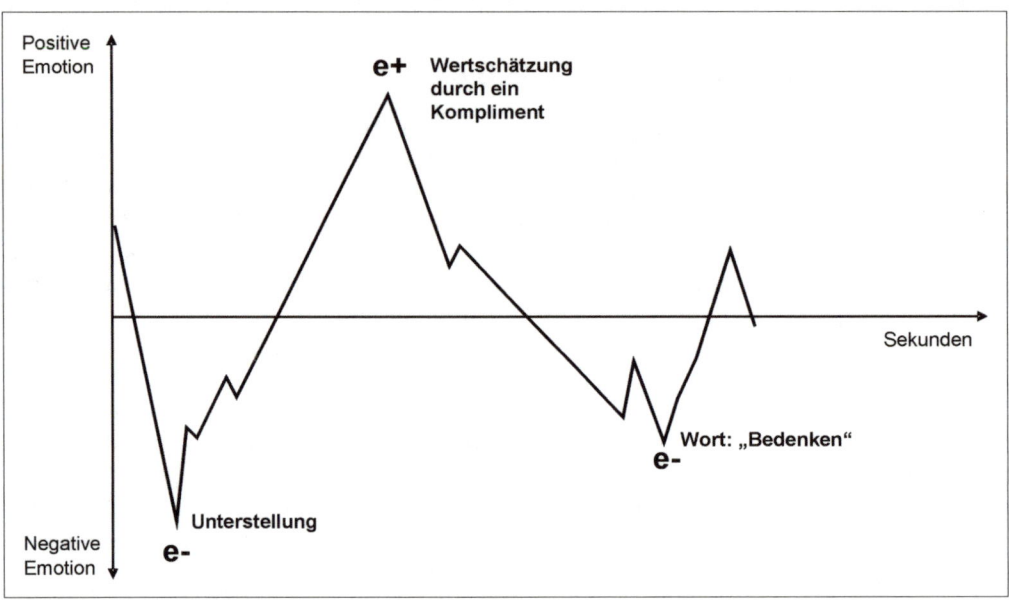

Abbildung 9: Emograph im Gehirn eines Kunden

Emotionsanalysen mit SEDI, dem Semantischen Emotionsdifferenzial

Als uns dieser Zusammenhang während unserer Forschung in der Universität bewusst geworden war, begannen wir SEDI zu entwickeln. Das Semantische Emotionsdifferenzial besteht aus verschiedenen Emotionsanalysen, die im Folgenden vorgestellt werden: Modusanalyse, Wortweltanalyse, Analyse des Emotionswerts und der Emotionsdichte. „Semantisch" leiteten wir von dem Wort „Semantik" (= Wortbedeutung beziehungsweise assoziierte Wortbedeutung) ab. „Emotionsdifferenzial" steht für die unterschiedlichen Emotionswerte, die 2.000 Teilnehmer in einer Befragung den einzelnen Worten und Aussagen gaben. SEDI ist ein Werkzeug, um zu messen, welchen Emotionswert einzelne Wörter, Argumente, Argumentationen, ganze Verkaufsgespräche, Werbesprüche, Werbetexte oder Reden haben.

Teil 1: Die Modusanalyse

Die Modusanalyse betrachten wir als Einstieg in die verschiedenen Analysemethoden des Emotion-Selling-Modells. Ziel ist, zunächst in einem groben Raster zu erfassen, wie viele positiv, neutral oder negativ assoziierte Wörter sich im Wortschatz befinden. Dabei wird einfach die Zahl der positiven, neutralen oder negativen Worte gezählt. Bereits diese einfache Analyse macht deutlich, ob ein Sprecher eher motivierend oder demotivierend spricht. Je mehr positiv assoziierte Worte jemand verwendet, desto größer seine Überzeugungskraft. Mit dieser Darstellung machen wir deutlich, dass Wörter generell negativ, neutral oder positiv sind.

Die Modusanalyse gibt es in verschiedenen Variationen für die unterschiedlichsten Anwendungen. Im Prinzip ist es möglich, die gesamte menschliche Sprache und Kommunikation damit zu analysieren. Wir führen beispielsweise Analysen von politischen Diskussionen im Fernsehen, der Reden von Politikern, der Reden von Führungskräften, von Verhandlungen und Verkaufsgesprächen durch. Der Vorteil der Modusanalytik ist: Sie ist einfach, schnell durchführbar und macht sofort klar, in welchem Modus sich die Kommunikation bewegt. Für viele Teilnehmer bringt sie Aha-Erlebnisse und in der Regel ein Kopfschütteln darüber, wie erstaunlich negativ unsere Kommunikation ist, während wir es anders empfinden. Das wird besonders bei Videoanalysen deutlich, wenn genügend Zeit ist, die normalerweise schnelle Sprache ganz in Ruhe zu analysieren. In der Aufstellung unten sehen Sie eine kurze Übersicht über verschiedene Modusanalysen.

Es gibt einen Qualitätsmodus für:

1. Themen

T + =   positives Thema, z. B. das Thema dreht sich um Dinge, die angenehm assoziiert sind wie Lösungen, Ziele, Ideen, Spaß, Urlaub usw.

T 0 =   neutrales Thema, z. B. das Thema ist im Sachmodus, es fließen Informationen

T – =   negatives Thema, z. B. das Thema dreht sich um Probleme, was nicht geht, Bedenken, Nachteile, Fehler, Defizite, Unfälle, Krankheiten usw.

2. Formulierungen

F + =   positive Formulierungen, z. B. „Wir schaffen das" usw.

F 0 =   neutrale Formulierungen

F – =   negative Formulierungen, z. B. „Nicht schlecht", „Das hat mir nicht gefallen", „Das geht nicht" usw.

3. Emotionen

E + =   positive Emotionen, positive Googles, Mastergefühl, Wertgefühl

E 0 =   neutrale Emotionen, z. B. Gelassenheit usw.

E – =   negative Emotionen, negative Googles, Ohnmachtsgefühl, Dominanz, Abwertung

4. Wortwahl

W + = positive Wortwahl, z. B. „gern", „Freude", „danke", „schön" usw.

W 0 = neutrale Wortwahl, z. B. „ist", „haben", „bleiben" usw.

W – = negative Wortwahl, z. B. „unmöglich", „schlecht", „nicht", „müssen" usw.

5. Strategien

S + = positive Strategien, z. B. Wertschätzung, Fragen, Bedanken usw.

S 0 = neutrale Strategien, z. B. Fragen nach Informationen usw.

S – = negative Strategien, z. B. Suggestionen, Unterstellungen, Beschuldigungen usw.

Teil 2: Die Wortwertanalyse

Neben der Einschätzung der positiven, neutralen oder negativen Tendenz wurden die Teilnehmer im zweiten Schritt gebeten, den Worten einen Punktwert von –100 (sehr negativ assoziierte Wörter wie „furchtbar", „schrecklich", „grauenhaft" und andere, die sehr negative Emotionen auslösen) bis +100 (sehr positiv assoziierte Wörter wie „Spaß", „Liebe", „Glück", „Familie" und andere, die sehr positive Emotionen auslösen) zuzuweisen. 0 bedeutet neutrale Emotion. Darunter fallen Füllworte wie „der", „die", „das", „da", „und".

Wir begannen, jedes einzelne Wort und jede Aussage mit Zahlen zu bewerten. Dadurch besaßen wir zum ersten Mal ein Instrument, um die Attraktivität von Sprechern und den Motivationsgrad von Kommunikation durch Zahlen zu erfassen. Wenn wir zum Beispiel die Teilnehmer nach ihrer Einschätzung zum Wort „Problem" fragten und baten, für dieses Wort einen Emotionswert festzulegen, ergab sich ein Durchschnittswert von –60. Natürlich bewerteten die Teilnehmer das Wort unterschiedlich, doch eins war sicher: Sie bewerteten es negativ.

Dabei macht das Gehirn eine Mischkalkulation. Im Zusammenhang mit dem Lösen von Problemen in Beruf und Alltag, im Zusammenhang mit der Lösung von Sachfragen, liegen die Bewertungen des Wortes niedriger (zum Beispiel –40). Ist das Wort verknüpft mit Konflikten, Ärger, Rivalität, Auseinandersetzungen und Streitgesprächen, also emotionaler Kommunikation, liegen die Werte naturgemäß höher (zum Beispiel –80). Allerdings bleibt ein Prinzip bestehen: „Problem" wird negativ assoziiert.

Das bedeutet logischerweise auch, dass der Sprecher, der das Wort sagt, negativ assoziiert wird. Er ist schließlich der Auslöser eines schlechten Gefühls. Dabei spielt es überhaupt keine Rolle, ob er oder der Gesprächspartner beziehungsweise Kunde das so empfindet. Was im Gehirn abläuft, ist unfühlbar.

Das Wort „Freude" wurde im Durchschnitt mit +70 bewertet. Auch hier gab es individuelle Bewertungen. Für uns war jedoch erstaunlich, dass diese Bewertungen relativ eng zusammenlagen. Das bedeutet, dass die meisten Menschen mit dem

Wort „Freude" gleich intensive positive Emotionen verbinden. Gleiches gilt für Worte wie „Lösung", „wohl fühlen", „genießen", „Urlaub", „Freiraum" und viele andere.

Anwendungsmöglichkeiten bestehen zum Beispiel bei der Analyse von Wortwahl und Formulierungen in Verkaufsgesprächen per Video. Es gibt erstaunliche Erkenntnisse und gute Chancen, durch die Wortwahl den Motivationswert und die Überzeugungskraft von Verkaufsgesprächen zu erhöhen.

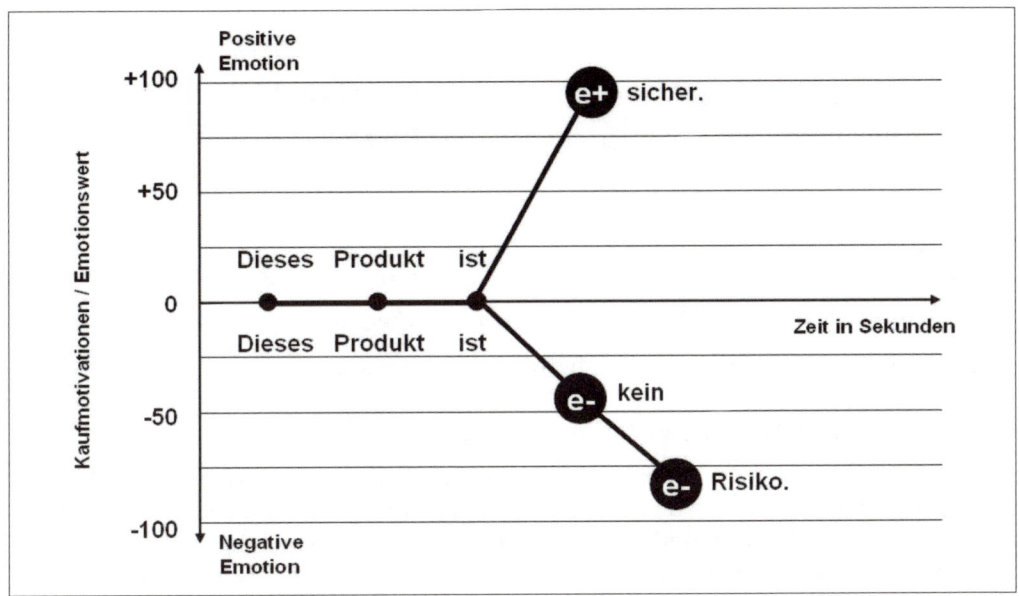

Abbildung 10: Wörter und Sätze werden mit Emotionswerten bewertet

Teil 3: Das Emotionskonto im Kopf des Kunden

Nach jeder Kommunikation, nach jedem Werbespot, nach dem Lesen einer Broschüre, nach jedem Verkaufsgespräch zieht ein Kunde in seinem Kopf Bilanz – unbewusst und automatisch. Bei unserer Sprachforschung haben wir ermittelt, dass ein Kunde pro Sekunde durchschnittlich etwa zwei Wörter hört. Das entspricht 120 Wörtern pro Minute oder 1 200 Wörtern in 10 Minuten. Er hat jedes einzelne Wort gehört, assoziiert und aufgezeichnet und mit +, – oder 0 bewertet.

Die Summe der einzelnen Werte ergibt den Emotionswert, den Motivationswert und damit den Wert für die emotionale Attraktivität des Gesprächs für den Kunden. Ähnlich wie bei einem Bankkonto ließe sich jedes Wort wie eine einzelne Buchung beschreiben. Am Ende der Kommunikation, zum Beispiel des Gesprächs, wird Bilanz gezogen.

Jetzt, da wir wissen, was einzelne Wörter auslösen, wird deutlich, wie wichtig es ist, auf einzelne Wörter zu achten. Einerseits entscheidet das Konto mit darüber, ob ein Kunde kauft oder nicht. Andererseits haben wir positiven Einfluss darauf, unsere Kommunikation so zu gestalten, dass wir für Kunden besonders attraktiv sind.

Beispiele

Hier sind Wörter, die Befragte negativ gewertet haben, **fett** dargestellt, die neutral gewerteten Wörter in normaler Typografie und positive Wörter *kursiv*.

Aussage 1:

    0   0   0 +10   0   0   +10   +10 (-40×3) (-70×3)

„Wenn Sie sich *für* dieses Produkt *entscheiden, besteht* **kein Risiko**.“

Der Emotionswert dieser Aussage beträgt: −300 Punkte.

Aussage 2:

    0   0   0 +10   0   0   +10   +10   0   +90

„Wenn Sie sich *für* dieses Produkt *entscheiden, haben Sie Sicherheit*.“

Der Emotionswert dieser Aussage beträgt: +120 Punkte.

Die Differenz zwischen beiden Aussagen beträgt 420 Punkte.

Allein dadurch, dass Verkäufer in Kundengesprächen negative Wörter und Formulierungen durch konstruktive ersetzen, indem sie weniger über Probleme und mehr über Lösungen, Chancen und Möglichkeiten sprechen, sie mehr Nutzenformulierungen verwenden, erhöhen sie den Motivationswert ihrer Kommunikation um viele Punkte.

Teil 4: Die Emotionsdichte

Die Emotionsdichte berechnet sich aus der Summe der Emotionswerte aller Wörter geteilt durch die Anzahl der Wörter. Der Durchschnittswert ergibt die Emotionsdichte. Je näher dieser Durchschnittswert an +100 liegt, desto überzeugender ist die Sprache. Zu beachten ist, dass nach dem Gesetz der höheren neuronalen Intensität negative Werte mit dem Faktor 3 multipliziert werden, da der Speicher für negative Wörter und Emotionen durch das 90 : 10-Prinzip der Wahrnehmung deutlich größer ist.

Beispiel 1

In diesem Beispiel sehen wir, wie verschiedene Sätze, die alle die gleiche Anzahl von Wörtern haben, eine höhere Emotionsdichte ausweisen, wenn sich die Anzahl der positiv assoziierten Wörter erhöht. Die Folge: Die Aussage wird für den Kunden motivierender, das heißt, der Verkäufer ist überzeugender.

Aussage 1:

+10 +20   0   +70   0

Wir bieten einen *Premium-Service* an.

Emotionsdichte: 100 : 5 Wörter = 20

Aussage 2:

+10 +20   +10   +30   +70

Wir bieten Ihnen speziellen *Premium-Service.*

Emotionsdichte: 140 : 5 Wörter = 28

Aussage 3:

+10 +20   +10   +70   +70

Wir bieten Ihnen exklusiven *Premium-Service.*

Emotionsdichte: 180 : 5 Wörter = 36

Beispiel 2

In diesem Beispiel sehen wir, dass Aussage 1 eine Emotionsdichte von –55 hat. Sie ist also wenig geeignet, um eine gute Beziehung zum Kunden aufzubauen und bei ihm eine hohe Kaufmotivation auszulösen. Durch das positiv assoziierende Wort „sicher" wird in Aussage 2 eine Emotionsdichte von +22,5 erzielt. Durch diese Aussage wird neben einer guten Wellenlänge und einem guten Gefühl beim Kunden auch eine hohe Kaufmotivation erreicht.

Aussage 1:

0   0   0   0   (-40×3) (-70×3)

Bei diesem Produkt besteht **kein Risiko**.

Emotionsdichte: (-40×3) + (-70×3) = -330 : 6 Wörter = -55

Aussage 2:

0   0   0 +90

Dieses Produkt ist *sicher.*

Emotionsdichte: +90 : 4 Wörter = +22,5

Das Wort „Risiko" löst beim Kunden ein Risikogefühl aus.

Das Wort „sicher" löst beim Kunden ein Sicherheitsgefühl aus. Das Gefühl Sicherheit verkauft!

 Emotion-Selling-Tipp:

Das Prinzip der Neurokommunikation lautet: Jeder Mensch ist so attraktiv wie die Emotion, die er durch seine Sprache, seine Wörter, Aussagen und Bemerkungen bei anderen auslöst. Das bedeutet, dass Sie, wenn Sie etwas sagen, keinesfalls allein nach Ihrem Gefühl urteilen sollten, wie Sie bei den anderen ankommen. Wer negative Wörter oder Aussagen verwendet, wird automatisch negativ verknüpft, assoziiert und in der Regel als Auslöser negativer Emotion abgespeichert. Wer positive Wörter oder Aussagen verwendet, wird automatisch positiv verknüpft, assoziiert und in der Regel als Auslöser positiver Emotion abgespeichert.

Beispiel: Wie hoch ist die Überzeugungskraft von Obama? Anwendung der Analysen auf zwei Aussagen aus seiner Amtseinführungsrede

Will man Präsident der Vereinigten Staaten von Amerika werden, gilt es, eine ganze Reihe von Aufgaben und Herausforderungen zu meistern. Eine der wichtigsten Aufgaben, die Barack Obama später mit Bravour gelöst hat, lautet: Begeistere Menschen. Ziel seiner Kommunikation war es, Botschaften so motivierend zu kommunizieren, dass sie Aufmerksamkeit erregen, Menschen bewegen und gewinnen. Seine Konkurrenten, Hillary Clinton und John McCain, hatten die gleiche Chance und Aufgabe. Warum war Obama rhetorisch so exzellent? Warum war Obama so überlegen? Warum faszinierte er die Massen? Welche Rhetorik hat er benutzt? Was war anders in seiner Rhetorik als bei seinen Konkurrenten? Auch Obama hat nur Worte zur Verfügung.

Wir haben rund 20 Reden von Obama Wort für Wort analysiert und nach den Standards der Neurokommunikation und des Emotion Selling bewertet. Durch die Logik dieser Analysen wird schnell deutlich, dass Obama einerseits realistisch ist und auf der anderen Seite hervorragend motivieren kann. Er löst positive Emotionen aus und positive Emotionen sind Motivation. Motivation bewegt.

Hier ein Auszug aus Obamas Rede zur Amtseinführung. Aus dieser Rede haben wir zwei Aussagen Obamas ausgewählt und diese nach Kriterien der Neurokommunikation analysiert.

„Meine Mitbürger: Ich stehe heute hier, demütig angesichts der Aufgabe, die vor uns liegt, dankbar für das Vertrauen, das Sie mir geschenkt haben, und der Opfer gedenkend, die unsere Vorfahren auf sich genommen haben. ... Immer wieder haben diese Männer und Frauen gekämpft und Opfer gebracht und gearbeitet, bis ihre Hände wund waren, ... Wir bleiben die wohlhabendste, mächtigste Nation auf Erden. Unsere Arbeiter sind nicht weniger produktiv als vor Beginn der Krise. [...]"

Aussage	Modusanalyse	Wortwertanalyse und Emotionskonto	Emotionsdichte	Fazit
Immer wieder haben diese Männer und Frauen gekämpft und Opfer gebracht und gearbeitet, bis ihre Hände wund waren.	1. Themen: T – 2. Formulierungen: F 0 3. Emotionen: E – 4. Wortwahl: W – 5. Strategien: / 6. Memos = Erinnerungen, Assoziationen: M –	Immer (10) wieder (0) haben (0) diese (0) Männer (10) und (0) Frauen (10) gekämpft (10) und Opfer (–50 × 3) und (0) Opfer (–80 × 3) gebracht (10) und (0) gearbeitet (10), bis (0) ihre (0) Hände (10) wund (–30 × 3) waren (0). **Score:** Wert auf dem Emotionskonto von Kunden: –270	**Score:** –420 : 18 Wörter = –23,3	**Negative Emotionalisierung der Hörer durch negatives Thema, negative Wortwahl und Assoziationen** **Motivations- und Überzeugungskraft: gering**
Wir bleiben die wohlhabendste, mächtigste Nation auf Erden.	1. Themen: T + 2. Formulierungen: F + 3. Emotionen: E + 4. Wortwahl: W + 5. Strategien: / 6. Memos = Erinnerungen, Assoziationen: M +	Wir (+20) bleiben (+10) die (0) wohlhabendste (+80), mächtigste (+70) Nation (+20) auf (0) Erden (+10). **Score:** Wert auf dem Emotionskonto von Kunden: +210	**Score:** 210 : 8 Wörter = 26,3	**Positive Emotionalisierung der Hörer durch positive Formulierung, Wortwahl und Assoziationen** **Motivations- und Überzeugungskraft: hoch**

Tabelle 1 : Analysen der Überzeugungskraft zweier Aussagen von Barack Obama

Phase 3: Der wichtigste Bewertungsmechanismus: Die Emotionen

Beispiel: Sind „bad news" wirklich „good news"?
Anwendung der Analysen auf den Werbeslogan „Wir hassen teuer"

Ist „Wir hassen teuer" wirklich ein guter Werbespruch? War es vom Unternehmen Benetton ein guter Schachzug, Werbung mit sterbenden Soldaten zu machen? Was bedeutet und bewirkt es, mit Kunden oftmals ausgiebig über ihre Sorgen, Probleme und Schwierigkeiten zu sprechen? Wieso glauben wir, dass gute Partner diejenigen sind, mit denen wir über unsere Probleme sprechen können? Warum dominieren in den Medien und den Nachrichten die negativen Schlagzeilen?

Könnte es sein, dass hinter all diesen Fragen ein wesentliches Prinzip der menschlichen Kommunikation steckt? Negative Nachrichten, Botschaften und Gespräche über negative Ereignisse sichern uns ein höheres Maß an Aufmerksamkeit. Schlechte Nachrichten sind gute Nachrichten, weil sie für den Sprecher Aufmerksamkeit erzeugen. Aufmerksamkeit haben, im Mittelpunkt stehen ist eine Form von Zuwendung und sozial sehr erwünscht.

Dieses Prinzip nutzen wir täglich in unserer Kommunikation. Es ist wirklich verlockend, das Prinzip der „bad news" im Alltag anzuwenden. Wer die Alltagskommunikation beobachtet, kann sehr gut feststellen, dass viele Menschen es lieben, sich über die negativen Seiten des Lebens zu unterhalten. Das beginnt beim Wetter, geht über Krankheiten, Kritik an der Politik und die vielen anderen Möglichkeiten, negative Themen zu besprechen. Negativ zu sein hat in Deutschland Kultur.

Dahinter steckt ein weiteres Prinzip der Neurokommunikation, das wir weiter vorne beschrieben haben. Sobald negative Nachrichten das Gehirn erreichen, reagiert es mit erhöhter Aktivität. Verschiedene Gehirnregionen reagieren mit höherer Erregung. Sie lässt sich gut mit den heute zur Verfügung stehenden Tomographen oder dem Elektroenzephalogramm nachweisen.

Negative Reize sind starke Reize. Sie sind stärker als positive Reize. Wie schon erwähnt, war es biologisch wichtig, negativen Reizen höhere Aufmerksamkeit zu widmen, um zu überleben und uns zu schützen. Gleichzeitig schüttet der Körper Stresshormone wie Adrenalin und Cortisol aus und reagiert mit erhöhter Aktivität, Anspannung und Aufregung. Oftmals erleben wir diese Aufmerksamkeit, diese stärkeren Reize, dieses Mehr an Adrenalin als positiv. Das bedeutet, dass wir unsere Aufmerksamkeit automatisch dem Sender der schlechten Nachricht geben.

„Wir hassen teuer" erzielt als Werbespruch hohe Aufmerksamkeit. Das ist der Vorteil. Was läge also näher, als Werbebotschaften, Texte in Broschüren, Produktbotschaften, Verkaufsargumente negativ zu formulieren, um eine hohe Aufmerksamkeit zu erzielen? Negativ fällt auf. Für viele Produkte ist es wichtig, in der Masse zunächst einmal Aufmerksamkeit zu erreichen. Warum machen wir nicht negatives Emotion Selling, das Verkaufen durch negative Emotionalisierung von Kunden? Gleichermaßen wäre es denkbar, negative Aussagen in den Mittelpunkt von Marketingstrategien und Verkaufsstrategien sowie Verkaufsgesprächen zu stellen.

Das Motto könnte lauten: Je länger und intensiver wir Kunden Probleme aufzeigen und Nachteile deutlich machen, desto motivierter sind sie, diese Nachteile vermeiden zu wollen und deshalb ein Produkt zu kaufen, das ihre Probleme löst. Ist nicht die Vermeidungsmotivation die stärkste Motivation? Schafft das Stressen von Problemen – wie diese Methode heißt – tatsächlich eine dauerhaft hohe Kaufmotivation? Tatsächlich erleben wir, dass immer wieder Unternehmen und Trainer ihre Verkaufsgespräche und Argumentationen darauf aufbauen. Ein Beispiel ist die SPIN-Methode. Dahinter steht die Idee, mit Kunden über die Situation zu sprechen, in der sie sich gerade befinden (Situation), die Probleme aufzuzeigen (Problems), die Nachteile deutlich zu machen (Implication) und die Notwendigkeiten abzuleiten (Necessities). Auf den ersten Blick erscheint dieses Vorgehen logisch.

Betrachten wir negativ zentrierte und problemzentrierte Methoden hier am Beispiel des Werbespruchs „Wir hassen teuer". Aus der Sicht der Neurokommunikation verbinden wir mit den Begriffen „hassen" und „teuer" ausgesprochen negative Emotionen und Bewertungen. Nutzen wir die Wortwertanalyse und machen einen Assoziationstest:

Emotionsanalyse am Beispiel einer Werbeaussage

$+20 \quad (-100 \times 3) \ (-60 \times 3)$

„*Wir* **hassen teuer**."

Das Wort *wir* aktiviert alle Erinnerungen an Wir-Gefühl, Team, zusammenhalten und andere positive Begriffe. Deshalb erhält es den Wert +20.

Das Wort **hassen** dürfte eines der negativsten Wörter unserer Sprache sein. Es ist verknüpft mit Hass, Abneigung, Feind, Zerstörung, Nachteile, Angst und vielem anderen. Es löst im Emotionsspeicher im Gehirn sehr negative Emotionen aus und erhält den Wert $-100 \times 3 = -300$.

Das Wort **teuer** verknüpfen wir überwiegend mit Negativem. Wir denken an unangemessen hohe Preise, sich etwas nicht leisten können, an Verzicht, Frustrationen und anderes. Infolgedessen erhält es den Wert $-60 \times 3 = -180$.

Der Emotionsscore nach SEDI beträgt für diesen Werbespruch demnach: -460.

Der Werbespruch „Wir hassen teuer" erzielt eine hohe Aufmerksamkeit durch seine Negativität. Deshalb ist er in diesem Punkt wirkungsvoll. Doch dadurch, dass er negative Emotionen assoziiert, verknüpft er das Unternehmen mit den Begriffen „hassen" und „teuer". Das ist der Nachteil. Die Marke verliert Sympathie bei Kunden. Der Gewinn an Aufmerksamkeit wirkt kurzfristig. Der Verlust an Sympathie wirkt langfristig. Der Verlust an Sympathie durch negative Assoziationen – hier gelten die Gesetze der negativen Intensität – wirkt erheblich stärker als der Gewinn durch positive Emotion. Wer einmal negativ assoziiert ist, hat es anschließend schwer, wieder ein positives Image und eine positive Attraktivität aufzubauen.

 Dieser Werbespruch emotionalisiert Kunden negativ. Dabei spielt es keine Rolle, ob jemand, der diesen Werbespruch sieht, dabei ein spürbar schlechtes Gefühl hat. Es geht um das assoziierte Gefühl. Später werden wir zeigen, dass man diese negative Emotionalisierung auch messen kann.

So kreativ die Idee des Unternehmens Benetton war, seine Produkte, seine Kleidung einer sozialen Idee seiner jungen Zielgruppe anzupassen, Engagement gegen Krieg, so nachteilig war sie. Wer als Kunde Kleidung kaufen wollte und am Schaufenster zunächst ein Bild von einem sterbenden Soldaten sah, verhielt sich aus Sicht der Neurowissenschaft ganz natürlich. Er vermied das Geschäft und damit die negative Assoziation. Wer negativ assoziiert wird, wird unattraktiv. Dieses große Prinzip der Neuroassoziation hat für die menschliche Kommunikation eine große Bedeutung.

Wer Aufmerksamkeit und ein positives Image möchte, kann dies am besten durch positive Emotionen erzielen. Ein gutes Beispiel ist der Werbespot mit Paul Potts. Positive Emotionen, die Millionen Menschen motiviert haben, sich diesen Spot x-fach anzusehen. Maximale Attraktivität durch positive Emotion – so heißt das Gesetz der Märkte. Wer sympathisch und attraktiv sein will, wer gekauft werden will oder viel verkaufen will, tut am besten alles, um positiv assoziiert zu werden. Coca-Cola, Red Bull, Audi, McDonald's und viele andere bekannte Marken assoziieren Lebensgefühl, Kompetenz, Freiheit, schnelle Befriedigung von Wünschen und viele andere positive Emotionen – ganz im Sinne des Emotion Selling.

> Dem Gewinn von Aufmerksamkeit durch negative Assoziationen steht der Verlust an positiver Emotion, Sympathie, Attraktivität und damit Image gegenüber. Wer problematisiert, wird im Gehirn mit Problemen assoziiert und wird damit zum Problem. Und wer will schon Probleme kaufen?

Emotion als Bindungsprinzip:
Positive Emotion bindet – negative Emotion trennt

Die Alltags- und Verkaufskommunikation ist in vielen Fällen noch weit von dem Anspruch des Emotion Selling entfernt. Warum ist uns so wenig bewusst, dass wir Menschen, die wir kritisieren und denen wir Vorwürfe machen, auf Dauer verlieren? Was motiviert Menschen, sich so zu verhalten, dass sie andere verlieren? Warum steigen die Scheidungsraten an? Warum leben manche Menschen lieber allein als mit jemandem, der negativ kommuniziert? Könnte es sein, dass emotional attraktive Kommunikation eine große Herausforderung für viele Menschen ist? Könnte es sein, dass wir eine deutlich bessere, hochwertigere Kommunikation brauchen, um gemeinsam mit anderen Menschen dauerhaft positive Beziehungen aufzubauen und durch attraktive Kommunikation eine hohe Lebensqualität zu erreichen? Wie gestalten wir Beziehungen zu anderen Menschen generell und Geschäftsbeziehungen zu Kunden möglichst attraktiv? Mit welcher Kommunikation gelingt uns das?

Eine große Theorie der sozialen Psychologie liefert uns dazu einen interessanten Hintergrund. Es ist die Kosten-Nutzen-Theorie der sozialen Interaktion, beschrieben von Watson, James und Schachter. Soziale Interaktion steht hier für Kommunikation miteinander, für den Austausch von Informationen. Die Theorie besagt: Menschen wählen immer die Partner, von denen sie die größten Vorteile haben. Sie wählen die Partner, mit denen sich der Austausch und die Kommunikation lohnen. Dieses große Gesetz der Marktwirtschaft der sozialen Beziehungen gilt sowohl für private wie auch berufliche Beziehungen.

Wie wichtig positive Emotion für die menschliche Bindung ist, möchten wir am Beispiel einer privaten Beziehung deutlich machen. Von diesem Beispiel können wir anschließend Prinzipien für hochwertige Kommunikation ableiten. Wenn eine private Beziehung beginnt, ist es oft Liebe. Liebe steht für das positivste menschliche Gefühl. Nutzen wir das Bild eines Kontos, so haben zwei Menschen, die sich lieben, ein sehr positives Emotionskonto zueinander. Anfangs dominieren in vielen privaten Beziehungen wertschätzende Aussagen, positive Gespräche über angenehme Themen, eventuell gemeinsame, motivierende Ziele. Es gibt Blumen, Komplimente und viele gemeinsame positive Erlebnisse. Diese positiven Emotionen verbinden. Die Beziehung ist attraktiv und interessant.

Dann beginnt der Alltag und meist auch die Normalkommunikation. Partner beginnen oft, unterschiedliche Vorstellungen zu diskutieren. Sie sind gegensätzlicher Meinung. Es gibt die ersten Auseinandersetzungen, Meinungsverschiedenheiten, Konflikte und längeren Gespräche, die ab und zu mit einem Streit enden. In jeder Sekunde dieser Kommunikation aktivieren die Partner gegenseitig in ihren Köpfen negative Emotionen. Dazu kommen einige Grundeinstellungen, die wir in unserer Kultur lernen und die wir für normal und positiv halten. Ihre Wirkung allerdings ist alles andere als positiv.

Bindungsprinzip 1

„Sei ehrlich, kritisch und sage offen, wenn dich etwas stört oder dir etwas nicht gefällt."

Wir glauben, dass diese Form von Ehrlichkeit eine gute Grundlage für vertrauensvolle Beziehungen ist. Allerdings handelt es sich hier um eine Form von negativer Kommunikation und negativer Emotionalisierung. Angenommen, ein Partner sagt dem anderen, was ihn stört. Neuroassoziativ betrachtet, löst er durch Neuro-Google alle Erinnerungen an Situationen aus, in denen der Partner schon mal kritisiert wurde. Sein Gehirn hat tausende dieser negativen Situationen abgespeichert. Das bedeutet, dass jeder Mensch wissen sollte, dass er jedes Mal, wenn er jemand anderen kritisiert, eine negative Emotion auslöst. Das ist völlig unabhängig davon, ob er selbst die Kritik als berechtigt empfindet oder glaubt: „Das muss gesagt werden" oder „Das muss einfach heraus". In diesem Fall ist das gute Gefühl des Kritikers das schlechte Gefühl des Partners.

Aus dem Alltag wissen wir, wie schnell solche einzelnen, kritischen Bemerkungen anschließend in Rechtfertigungen, Gegenvorwürfe, schlechte Stimmung und oft lang andauernde Diskussionen wegen dieser scheinbaren Kleinigkeiten münden. Wie viel Freizeit und wie viele Sonntage wurden dadurch schon verdorben? Menschen mögen weder Kritik, weil sie eine negative Emotion auslöst, noch Kritiker, die das tun.

Bindungsprinzip 2

„Ein guter Partner ist der, mit dem ich Probleme besprechen kann."

Die gute Idee dahinter ist, dass Partner helfen können, für Probleme, Sorgen oder herausfordernde Situationen Lösungen zu finden. Die gute Idee ist – nach den Gesetzen der Neurokommunikation –, sich dabei so kurz wie möglich über Probleme zu unterhalten. Das Gegenteil geschieht meist im Alltag. Es macht ein gutes Gefühl, Probleme zu erzählen: Was genau ist passiert? Wer hat was gemacht? Was hat uns gestört? Was sind die Nachteile? Viel zu oft dauert die Schilderung des Problems zu lange. Das gilt vor allem dann, wenn wir wissen, was während des Problemgesprächs im Kopf passiert. Während des gesamten Gesprächs befinden wir uns in einem negativen Emotionszustand, den unser Gehirn speichert. Dennoch halten Millionen Menschen es für ein wichtiges Prinzip in ihrer Partnerschaft, Probleme zu teilen. Ihnen ist viel zu wenig bewusst, dass ihre Partnerschaft mit jedem Moment Problemgespräch immer mehr zum Problem wird. Der Problemspeicher im Gehirn wächst. Lassen Sie uns den Leitsatz „Geteiltes Problem ist halbes Problem" ändern in „Geteiltes Problem ist doppeltes Problem". Das Beste am Problem ist seine Lösung. Lösungen verbinden. So könnte die Attraktivität von Beziehungen gesteigert werden.

Mit jeder Sekunde Kommunikation im negativen Gefühlszustand wächst leider das Konto der negativen Emotion im Kopf des Partners. Dabei zählen besonders die Kleinigkeiten. Es ist die Summe der Kleinigkeiten. Wenn die abendliche Begrüßung von „Ich freue mich, dich zu sehen" (positiver Emotionswert) des Öfteren zu „Bist du auch schon da?" (negativer Emotionswert) wechselt, dann erkennt das Gehirn den Vorwurf dahinter und gibt den Suchbefehl: Suche mir alle unfreundlichen Begrüßungen mit vorwurfsvollem Unterton. Unsere Untersuchungen haben gezeigt, dass wir pro Tag im Durchschnitt 500 negative Bemerkungen hören. Die Kosten-Nutzen-Theorie der sozialen Interaktion beschreibt jetzt, dass sich durch die größere Häufigkeit und stärkere Wirkung negativer Kommunikation der Kontakt zum anderen zunehmend weniger lohnt. Das positive Gefühl wird einfach immer weniger. Wir sprechen von Abnutzungskommunikation. Abnutzungskommunikation bedeutet: Wenn Beziehungen, ob privat oder beruflich, durch die überwiegend negative Kommunikation, durch negative Bemerkungen, das Erzählen von Ärgernissen und Problemen, Meinungsverschiedenheiten und vielem anderen von Tag zu Tag schlechter werden. Dieser Prozess führt auf Dauer oft zum Ende des Kontakts und der Beziehung.

Das gilt selbstverständlich auch und besonders für die Beziehungen zu Kunden. In den meisten Fällen haben sie heute die freie Wahl, mit wem sie ihre Geschäfte machen und wo sie kaufen. Ob bewusst oder unbewusst, sie werden sich die Partner suchen, die zu ihnen, neben dem Angebot eines guten Produkts, das beste Gefühl aufbauen können.

Motivierende Strategien der Kommunikation und der Sprache sind beispielsweise:

- einen Dialog statt eines Monologs zu führen,
- authentisches Interesse zu zeigen statt in Verkaufsgesprächen die eigenen Ziele durchzusetzen,
- professionell und aktiv zuzuhören, statt selbst 90 Prozent der Redezeit im Gespräch zu belegen und dadurch Kunden abzuwerten und ihre Bedürfnisse in den Hintergrund zu stellen,
- Kunden geduldig und immer wieder zu fragen, was sie sich vorstellen, was sie erwarten und wünschen,
- die Vorteile eines Produkts zu nennen,
- den Nutzen und die Vorteile des Kunden zu nennen,
- wesentlich mehr über Lösungen zu sprechen als über Probleme und Ärgernisse,
- positive Themen in den Mittelpunkt von Smalltalk zu stellen statt zu erzählen, wie schlecht das Hotel im Urlaub war.

Kunden kaufen bei den besten Kommunikatoren. Kunden kaufen die Kommunikation, die ihnen das beste Gefühl gibt.

Selbst wenn die genannten Punkte anscheinend bekannt sind und ganz logisch erscheinen, stellen sich in der Praxis einige Fragen: In wie vielen Kundengesprächen werden diese Standards wirklich gelebt? Wie oft erleben Sie selbst als Kunde hochwertige Verkaufskommunikation? Wie groß ist der Unterschied zwischen Wissen und Umsetzen? Wie kommt man vom „Kenne ich" zum „Kann ich"?

Natürlich gibt es gute Kommunikatoren und Verkäufer, die nach den bisherigen Standards erfolgreich gearbeitet haben. Durch die neuen Erkenntnisse der Neurokommunikation ergeben sich ganz andere Möglichkeiten und Chancen, noch wesentlich erfolgreicher zu arbeiten. Zwischen der intuitiven Kommunikation und der professionellen Kommunikation, die Kunden heute erwarten, liegt ein gewaltiger Unterschied.

Beispiel: Die Emotionsstrategie von BMW

... das, was die Menschen fühlen, ist genauso wichtig wie das, was sie fahren.

Nach all diesen Analysen möchten wir Ihnen ein kurzes Beispiel für eine Emotionsstrategie eines großen Unternehmens vorstellen. Es geht um einen Werbespot des Automobilherstellers BMW: Dieser Werbespot ist aus der Perspektive des Emotion Selling sehr gut gelungen. Er zeigt den Trend und die intelligente Strategie, das Unternehmen, die Marke und die Produkte an Emotionen zu assoziieren. Zu den Texten, die in diesem Werbespot vorkommen, wurden emotionalisierende und motivierende Bilder von Freundschaft, Schönheit, Kunst und Design gezeigt. Emotion und Gänsehaut verkaufen.

Hier der Text aus dem Werbespot von 2009:

Wir sind BMW, **aber** wir bauen **nicht nur** Autos. *Wir erfinden* Zeitmaschinen, *bauen Schneepflüge* und *erschaffen Kunstwerke*. *Wir gewinnen Freunde* und *pflegen Freundschaften*. *Wir* sind *effizient* und *dynamisch*. *Wir* geben der Zukunft ein *Gesicht*. *Uns* war von Anfang an *klar*, das, was die *Menschen fühlen*, ist genauso *wichtig* wie das, was sie fahren. *Freude* ist das, was uns *bewegt*. *Freude* ist BMW.

Die Wortwahl ist im Wesentlichen positiv. Wir lesen 25 Wörter, die positive Assoziationen bei Kunden auslösen können, drei negative. Folgendes Optimierungspotenzial sehen wir noch:

1. Negativ assoziierte Wörter sollten durch konstruktive oder positive ersetzt werden. Zum Beispiel, indem „Wir sind BMW, **aber** wir bauen **nicht nur** Autos" ersetzt wird durch „Wir sind BMW, wir bauen Autos und tun mehr" oder „Wir sind BMW, wir bieten Autos und mehr".

2. Das positive Wort **wir** wird egozentriert eingesetzt. BMW sagt, was BMW selbst kann und stellt sich dar. Das ist okay. Emotional stärker wäre es, Kunden in den Mittelpunkt zu stellen und ihnen zu vermitteln, was sie von diesen Stärken der Marke BMW haben. Der Nutzenindex für den Kunden ist hier gering.

Wir fühlen immer.

▶ Millionen Assoziationen sind Millionen Emotionen im Kopf. Daraus ergibt sich eine Gesamtemotion, die die Höhe der Kaufmotivation maßgeblich beeinflusst.

▶ Emotionen sind im Kopf gespeichert.

▶ Es gilt das 90 : 10-Prinzip der Intensität von Emotionen: Negative Emotionen wirken intensiver und stärker als positive Emotionen.

▶ Negative Informationen, Wörter, Aussagen, Argumente, Texte erzeugen eine hohe Aufmerksamkeit. Gleichzeitig sinken durch die negativen Assoziationen die Attraktivität, die Sympathie und das Image des Verkäufers.

▶ Jeder Kunde hat ein Emotionskonto im Kopf. Am Ende eines jeden Gesprächs steht ein Punktwert als Maß für die Attraktivität.

▶ Kunden führen in ihrem Kopf unbewusst ein Beziehungskonto. Danach wählen sie ihre Geschäftsbeziehung.

▶ Das Bindungsprinzip: Positive Emotion bindet – negative Emotion trennt. Das gilt privat wie beruflich.

▶ Positive Emotion verkauft.

Phase 4: Der zweite Bewertungsmechanismus: Das Denken

Gedanken sind neben unseren Emotionen unser zweites Bewertungssystem. Dieses kognitive Bewertungssystem ermöglicht es uns, blitzschnelle Urteile zu fällen. (Das ist übrigens auch der Grund, warum der erste Eindruck in tausendstel Sekunden passiert.) Dieses Urteils- und Entscheidungssystem funktioniert vollautomatisch. Was wir für unser Bauchgefühl halten oder für Intuition, ist dieser schnelle Suchlauf, der Assoziationsprozess.

Angenommen, wir erleben etwas sehr Positives: Wir wollen einen Anzug kaufen. Der Verkäufer ist beschäftigt. Er sieht uns, unterbricht kurz sein Verkaufsgespräch mit einem anderen Kunden, kommt freundlich auf uns zu und sagt: „Grüß Gott. Darf ich Sie um einen kurzen Moment Geduld bitten? Ich bin gleich für Sie da. Möchten Sie in der Zwischenzeit ein Glas Wasser, kurz Platz nehmen oder sich umsehen?" Angenommen, wir wählen das Glas Wasser und nehmen kurz Platz, um uns auszuruhen.

Das Gehirn hat den Suchbefehl eingegeben: Suche alle Gedanken, Einstellungen und Bewertungen, mit denen wir den Verkäufer, seine Körpersprache, seine Sprache und sein Verhalten einschätzen und bewerten können. Bereits als der Verkäufer sein letztes Wort sagte: „.... oder sich umsehen?", war der Suchlauf in unserem Gehirn abgeschlossen. Unser Gehirn vergleicht diese Situation im Suchlauf mit ähnlichen Situationen, wie wir sie in der Vergangenheit schon einmal erlebt haben. Es sucht nach folgenden Stichpunkten:

▶ Was bedeutet es, wenn jemand sein Verkaufsgespräch unterbricht und sich sofort um uns kümmert? *(Respekt)*

▶ Wie bewerten wir es, wenn jemand einige Schritte auf uns zukommt, um uns zu begrüßen? *(Wertschätzung)*

▶ Wann hat uns jemand ein Glas Wasser angeboten? *(Gastfreundschaft)*

▶ Wann wurde uns ein Platz angeboten? *(Gastfreundschaft)*

▶ Wann hat uns jemand so freundlich angesprochen, uns respektiert und die Wahl gelassen? *(Stil)*

Jedes Mal, wenn uns das in der Vergangenheit passiert ist, haben wir solche angenehmen Situationen einerseits emotional mit einem guten Gefühl und andererseits durch Gedanken bewertet – kognitiv ist der Fachausdruck.

Ohne dass wir bewusst nachdenken, sind zig tausende von bewertenden Gedanken gecheckt worden und unser Urteil steht fest. Unsere Gedanken könnten lauten: „Hier werde ich respektiert, hier bekomme ich Wertschätzung, hier bin ich Gast, die sind gute Gastgeber, die haben Stil, die sind besonders, die sind außergewöhnlich positiv, das tut gut, hier macht mir das Einkaufen Spaß, hier kaufe ich." Hinter einem bewussten Gedanken stehen tausende von unbewussten Gedanken im neuronalen Speicher.

Gedanken sind im Kaufprozess mit entscheidend, weil sie erstens direkt auf die Kaufmotivation Einfluss nehmen, in diesem Fall die positive Kaufmotivation erzeugen, und zweitens aus ihnen generelle Einstellungen hervorgehen, die die Geschäftsbeziehung und die Kaufmotivation nachhaltig beeinflussen – positiv wie negativ.

Unser Beispiel mit dem Anzug einmal anders: Angenommen, ein Kunde möchte einen Anzug kaufen und betritt ein Geschäft. Der Verkäufer ist mit einem anderen Kunden beschäftigt und der Kunde wartet einige Minuten, ohne bemerkt zu werden. Dann sagt der Verkäufer, kurz mit einem Seitenblick: „Sie müssen noch einen Moment Geduld haben, ich habe noch Kundschaft", und wendet sich wieder seinem Kunden zu. Was, denken Sie, passiert in diesem Moment im Kopf des Kunden? Neuro-Google, die Suchmaschine, ist wieder aktiv. Sie sucht alle Erinnerungen an folgende Situationen:

▶ Suche mir alle Situationen, in denen ich warten musste. Wie habe ich sie bewertet?

▶ Wie bewerte ich es, wenn mich jemand mit einem Seitenblick über die Schulter anspricht, statt sich zu mir umzudrehen?

▶ Wie bewerte ich das Wort „müssen"? Was denke ich darüber? Welche Erinnerungen habe ich daran?

▶ Gedanken wie „Müssen muss ich gar nichts", „Was bildet sich dieser Verkäufer ein?" oder „Muss ich mir das bieten lassen? Die sind sehr unfreundlich hier! Ich finde das unverschämt" schießen dem Kunden automatisch durch den Kopf. Aus diesen Gedanken entsteht in tausendstel Sekunden das Urteil über den Verkäufer, das Geschäft oder das Unternehmen.

Gedanken haben direkte Auswirkungen auf die Kaufmotivation. Positive Gedanken und Bewertungen erhöhen die Kaufmotivation, negative reduzieren sie überproportional.

Unser Gehirn hat die Angewohnheit, aus einzelnen Gedanken schnell generelle Einstellungen zu machen. Aus einzelnen Gedanken wie „Hier werde ich respektiert, bekomme Wertschätzung, bin Gast, bin wichtig, werde ernst genommen" und anderen entsteht schnell eine Grundeinstellung wie zum Beispiel „Hier kann ich gut kaufen".

Im negativen Fall ist das Gehirn wesentlich schneller bereit, aus Kleinigkeiten eine Grundeinstellung abzuleiten. (Das ist das Gesetz der Reizgeneralisierung aus der Lernpsychologie, ein Schutzmechanismus.) Das Gehirn will vermeiden, dass wir noch einmal eine negative Erfahrung machen, und leitet beispielsweise folgende Einstellung ab: „Wo unfreundliche Leute sind, kaufe ich grundsätzlich nicht." Es kann also durchaus sein, dass dem Kunden diese eine negative Erfahrung ausreicht, um dieses Geschäft in Zukunft grundsätzlich zu meiden.

Phase 5: Wenn Wörter Stress machen: Die Körperreaktion

Emotion Selling basiert auf einem interdisziplinären wissenschaftlichen Ansatz. Ganz neu ist die Forschung über den Zusammenhang zwischen Kommunikation, Gesprächen, Bemerkungen und einer körperlichen Stressreaktion. Es ist messbar nachgewiesen, dass unser Körper als Reaktion auf negative Kommunikation aller Art mit einer komplexen Aktivierung des Organismus reagiert, die ihn belastet, stresst, verschleißt und auf Dauer so stark schädigt, dass wir davon krank werden können. Negative Kommunikation steht als Risikofaktor – vereinfacht ausgedrückt – etwa auf der gleichen Stufe wie das Rauchen.

Unsere Studien zeigen, dass Menschen, die sich selbst als optimistisch und pragmatisch bezeichnen, im Alltag pro Tag mehrere 100 negative Bemerkungen und Aussagen tätigen. Das fällt uns selbst deshalb so wenig auf, weil wir es in unserer Sprachkultur für normal halten. Es ist die Summe der negativen Wörter und Bemerkungen pro Tag, die jedes Mal den Körper belasten und nach Jahren oder Jahrzehnten Erkrankungen auslösen. Die Stressmedizin belegt, dass im Körper eine komplexe Belastungs- und Schädigungsreaktion auf vegetativer, biochemischer, hormoneller und neuronaler Ebene abläuft. Stresshormone wie Adrenalin und Cortisol werden freigesetzt, erhöhter Blutdruck, erhöhte Zucker- und Fettwerte, vermehrte Bildung von freien Radikalen, Zellschädigungen, Schäden an der DNA, Immunschwächungen und andere Reaktionen sind die Folge.

Wir sind im Rahmen unserer Studien sogar so weit gegangen, negative Kommunikation, vor allem wenn sie emotional abläuft, als „Körperverletzung" zu bezeichnen. Das, was im Körper messbaren abläuft, rechtfertigt einen solchen Ansatz.

Neuere Literatur zu diesem neuen Thema finden Sie zunehmend unter den Stichpunkten „Neuromentale Medizin" und „Kausale Stressmedizin". Dieses Thema in ausreichender Tiefe hier im Buch zu diskutieren, ginge weit über das Ziel des

Buchs hinaus. Nähere Informationen finden interessierte Leser unter www.mentale-medizin.de.

Wissenschaftlich neu ist am Ansatz des Emotion Selling auch die Erkenntnis, dass Kommunikation, das, was bei der Informationsverarbeitung im Kopf wirklich abläuft, zu 99 Prozent unspürbar ist. Ebenso unspürbar ist die Körperreaktion. Wir haben gesehen, dass ein einzelnes Wort wie das Wort „Problem" genügt, alle Erinnerungen an alle Problemsituationen, die im Gehirn seit unserer Geburt abgespeichert sind, neuroassoziativ zu aktivieren. Wenn wir darüber hinaus wissen, dass diese millionenfachen Assoziationen, die ein Wort auslöst, während es vom Gehirn gelesen wird, eine komplexe Belastungsreaktionen im Körper aktiviert, dann sollten wir nie wieder von Kleinigkeiten sprechen, sondern ein neues Bewusstsein und eine neue Sensibilität entwickeln. Die Wirkung einzelner Wörter, Formulierungen, Aussagen, Argumente ist das, was sie millionenfach durch Assoziation im Kopf des Kunden auslösen und was dadurch im Körper passiert. Wörter sind Schalter mit einer großen Wirkung.

 Emotion-Selling-Tipp:

Eine hohe Belastungs- bzw. Stressreaktion im Körper des Kunden erhöht das Bedürfnis, die auslösende Situation zukünftig zu vermeiden. Dadurch sinkt die Kaufmotivation auf Dauer. Achten Sie deshalb sensibel auf negative Aussagen in Ihrer Verkaufskommunikation und vermeiden Sie sie nach Möglichkeit.

Das Stichwort ist: **Nichtverkauf durch Vermeidungsmotivation.** Unterhalten sich Verkäufer mit Kunden über negative Themen und scheinen diese noch so belanglos zu sein oder benutzen Verkäufer häufig negative Wörter oder Sprachmuster, so löst das im Körper des Verkäufers und im Körper des Kunden eine schädigende Stress- und Belastungsreaktion aus. Wenn ein Kunde – einmalig oder wiederholt – durch den Verkäufer eine körperliche Stress- und Belastungsreaktion erfährt, so möchte er sie vermeiden. Das ist ein biologischer Schutzmechanismus. Dabei ist es unwichtig, ob dem Kunden die Stress- und Belastungsreaktion bewusst oder unbewusst ist. Er wird nicht erklären können, woher dieses negative Gefühl genau kommt, da er die Belastungs- bzw. Stressreaktion zum großen Teil nicht spürt. Der Kunde wird nur so etwas sagen wie: Irgendwie habe ich mich nicht wohl gefühlt.

Nutzen Verkäufer also – bewusst oder unbewusst – negative Wörter und negative Sprachstrategien, so erzeugen sie unwillkürlich eine körperliche Kaufdemotivation. Jedes Mal, wenn der Kunde das Gespräch im Kopf durchgeht oder es weitererzählt, wird die schädigende Stress- und Belastungsreaktion wieder ausgelöst. Die Kaufdemotivation verstärkt sich und überträgt sich auf den Gesprächspartner.

Um eine hohe Kaufmotivation bei Kunden auszulösen, sind eine deutlich höhere Sensibilität für die Wirkung negativer Kommunikation und neue Sprachstrategien im Verkauf nötig. Negative Kommunikation manifestiert sich als Stress- und Belastungsreaktion im Körper des Kunden und verursacht eine dauerhafte Kaufdemotivation.

Wie wir die Wirkung von Kommunikation im Körper messen können

1998 haben wir begonnen, anhand langer Messreihen die Wirkung von Kommunikation in Kundengesprächen und Verhandlungen zu analysieren. Wir testeten die Wirkung einzelner Argumente, um Leitfäden für Kunden und Prospekte zu erstellen, und wir testeten die Wirkung von Bildern bei Werbekampagnen. Inzwischen sind es einige tausend Messungen geworden. Dabei wurden die Messmethoden ständig verfeinert und validiert.

Zu erleben, dass selbst einzelne Wörter bei Kunden eine messbare Wirkung erzeugen, ist faszinierend und beeindruckend. Wann immer wir diese Messungen auf Kongressen, großen Tagungen oder Seminaren vorgestellt haben, erlebten wir diesen Effekt. Einerseits ist die Messung wissenschaftlich valide und zuverlässig, andererseits öffnet sie die Tür zu einer ganz neuen Verständniswelt für menschliche Kommunikation. Viele Zuschauer und Zuhörer ahnten oder wussten, dass diese Messung und die daraus abgeleitete Logik für erfolgreiche Kommunikation große Konsequenzen haben würden. Wer beispielsweise bisher dachte, Probleme müssten ausführlich erörtert werden, erlebt jetzt messbar, dass Kunden sich bei Problemgesprächen in einem negativen, emotionalen Zustand befinden. Das bedeutet, dass die beschriebene körperliche Stress- und Belastungsreaktion im Körper stattfindet und damit Einfluss auf die Kaufmotivation hat.

Wer hätte sich jemals vorstellen können, dass Kunden weniger erfreuliche Gespräche nie mehr vergessen können, weil das Gehirn sie für immer speichert? Das gilt auch dann, wenn Kunden glauben, nach einiger Zeit sei die Sache vergessen. Dieses Gefühl täuscht. Die Messung belegt das Gegenteil. Siehe Messung Nr. 2.

Wer hätte je gedacht, dass Offenheit – oft gut gemeint – im Kundengespräch so viele Nachteile bringt? Wir haben viele Verkäufer kennen gelernt, die sagen: „Ich kenne meinen Kunden schon so lange, ich kann offen sagen, wenn mir etwas nicht gefällt." Wir empfehlen und trainieren – nach Auswertung unserer Messungen – das auf keinen Fall zu tun. Wer sagt, was ihm nicht gefällt, löst im Kopf des Kunden Millionen Assoziationen an ähnliche Bemerkungen aus, die selbstverständlich emotional negativ assoziiert sind. Die Messung reagiert in der Sekunde, in der der Kunde hört, was den anderen stört.

Die nachfolgenden Messbeispiele sollen verdeutlichen, wie wichtig es ist, die Kommunikation mit Kunden grundsätzlich zu überdenken. Das gilt über diese Beispiele hinaus generell für alle Bereiche der Kommunikation mit Kunden.

Der Stressreaction and Attractiveness Index (SRAI)

Der Stressreaction and Attractiveness Index (SRAI) misst die körperliche Reaktion, die durch Sprache ausgelöst wird. Er beschreibt die unspürbare und auf Dauer gespeicherte körperliche Reaktion (Stress- und Belastungsreaktion) in einem Verkaufsgespräch, die sich direkt auf die Kaufmotivation des Kunden überträgt.

Dazu nutzen wir das Messinstrument StressX, das von der Fachhochschule Neubrandenburg und der IKK (Innungskrankenkasse) entwickelt wurde. Es misst die

Schweißabsonderung an den Fingerkuppen, den Hautwiderstand. Dazu wird eine Diode an einen Zeigefinger und eine andere Diode an den Mittelfinger angelegt. StressX stellt nun an einem Computer eine sichtbare und valide Belastungs- bzw. Entspannungskurve in Abhängigkeit zum Gesagten dar. Dies ist die einzige Möglichkeit, die sofortige Reaktion des Körpers auf Sprache sichtbar zu machen.

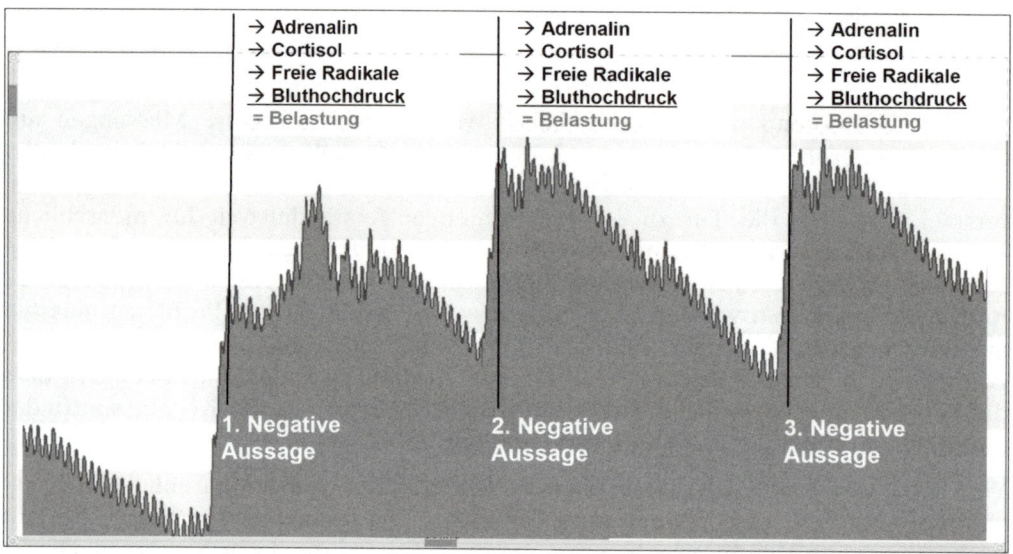

Abbildung 11: Wortwirkung eines Problemgesprächs, gemessen anhand des Hautwiderstandes

So können wir im Seminar zeigen, wie sich negative Wörter und Sprachstrategien direkt auf den Hautwiderstand auswirken und eine unmittelbare Stress- und Belastungsreaktion auslösen. Das ist für die Seminarteilnehmer verblüffend und überzeugend zugleich. Sie sehen zum ersten Mal, dass Sprache, das heißt das, was sie sagen oder hören, auf ihren Körper wirkt. Für die zweite Erkenntnis simulieren wir ein kurzes Verkaufsgespräch. Dazu stellen sich zwei Teilnehmer freiwillig zur Verfügung – einer übernimmt die Rolle des Verkäufers, der andere die Rolle des Kunden. Beide werden jeweils an ein StressX angeschlossen. Sobald das Gespräch startet, beginnt StressX den Hautwiderstand beider Teilnehmer anzuzeigen. Jetzt ist sehr gut zu beobachten, bei welchen Argumenten und welchen Wörtern sich der Hautwiderstand wie ändert. Es wird zum ersten Mal sichtbar, dass das, was der Verkäufer sagt, beim Kunden eine körperliche Reaktion auslöst. Spricht der Verkäufer eher über negative Themen und nutzt viele negative Wörter, so zeigt sich das anhand eines hohen Ausschlags an der Kurve – einem Peak nach oben. Das bedeutet, dass der Kunde in diesem Moment, in dem der Verkäufer etwas negativ formuliert, eine Stress- und Belastungsreaktion erfährt. Genau diese durch den Verkäufer ausgelöste körperliche Stress- und Belastungsreaktion führt beim Kunden zu der unbewussten Vermeidungsreaktion und Kaufdemotivation.

Beispielmessungen und die Konsequenzen für die Praxis

Im Folgenden finden Sie einige ausgesuchte Messungen, die zeigen, wie Kunden unbewusst reagieren. Diese Reaktionen sind weder ihnen selbst noch ihren Gesprächspartnern auch nur im Ansatz bewusst gewesen.

Messbeispiel 1: Wie positiv und negativ assoziierte Themen auf die Emotion und den Körper des Kunden wirken

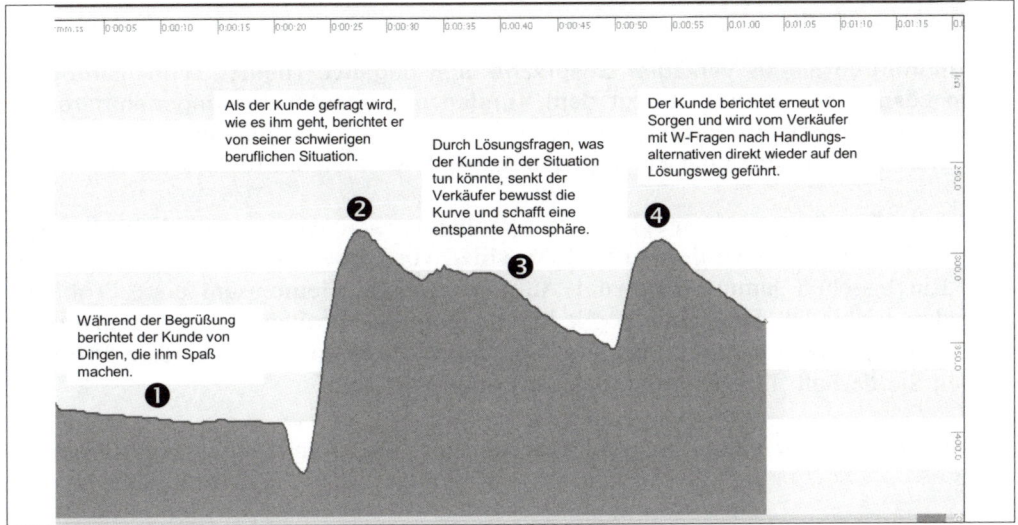

Abbildung 12: Wie positiv und negativ assoziierte Themen auf die Emotion und den Körper des Kunden wirken

Diese Messung zeigt einen Ausschnitt von einer Minute Dauer aus einem Kundengespräch. In den ersten zwanzig Sekunden findet Smalltalk statt.

1. Der Kunde erzählt von einem entspannten Wochenende. Wenige Sekunden später wird er gefragt: „Wie geht es Ihnen?".

2. Nach kurzem Nachdenken macht der Kunde etwas Typisches – er wählt eine negative Antwort. Die Mehrzahl der Menschen bevorzugt negative Antworten, weil sie mehr Aufmerksamkeit sichern. Er erzählt von einer schwierigen beruflichen Situation. So verständlich das sein mag – Sorgen und Probleme beschäftigen uns naturgemäß mehr als Dinge, die gut laufen – die Messung zeigt sofort ein erhöhtes Belastungs- und Stressniveau im Körper an. Der Kunde ist negativ emotionalisiert.

3. Der Verkäufer ist geschult, Lösungsgespräche zu führen. Mit speziellen, offenen W-Fragen, zum Beispiel: „Welche Lösungsmöglichkeiten sehen Sie?", „Wie können Sie das Beste für sich persönlich aus der Situation machen?", führt er das Gespräch aktiv auf Lösungen hin. Sofort ändert sich der emotionale und vegetative Zustand des Kunden. Nach 25 Sekunden hat der Kunde einen deutlich besseren Emotionszustand erreicht.

4. Dann genügt ein einziger Gedanke des Kunden an seine Sorge um die Zukunft, um ihn wieder negativ zu emotionalisieren. Wieder gelingt es dem Verkäufer, den Kunden aus dem Problemmodus in den Lösungsmodus zuführen.

Diese Messung zeigt einerseits, wie sensibel Kunden bereits auf einzelne Gedanken und Bemerkungen reagieren. Sie zeigt andererseits, wie groß der Einfluss des Verkäufers durch seine Kommunikationsmethodik – in diesem Fall lösungszentriert mit der Fragerhetorik – auf die Emotion und vegetative Reaktion des Kunden ist.

Emotion-Selling-Tipp:

Überführen Sie als Verkäufer Gespräche über negative Themen schnellstmöglich in Lösungsgespräche. Das tut dem Kunden gut, schafft eine angenehmere Gesprächsatmosphäre, die unbewusst positiv registriert wird. Darüber hinaus empfinden Kunden Verkäufer als angenehm, die ihnen helfen, Probleme zu lösen.

Sprechen Sie so kurz wie möglich über Probleme, so lange wie möglich über Lösungen. Das bedeutet Umlernen und Abschied von einer oft beliebten Angewohnheit: Ein bisschen Jammern erzeugt Aufmerksamkeit. Gemeinsam über Probleme zu reden verbindet. Die neue Logik lautet: Geteiltes Problem ist im Kopf beider Gesprächspartner doppeltes Problem. Das beste Problem ist das gelöste Problem. Stellen Sie deshalb Ihre Kommunikation konsequent um.

Messbeispiel 2: Wer einmal negativ abgespeichert ist, ist für immer negativ gespeichert

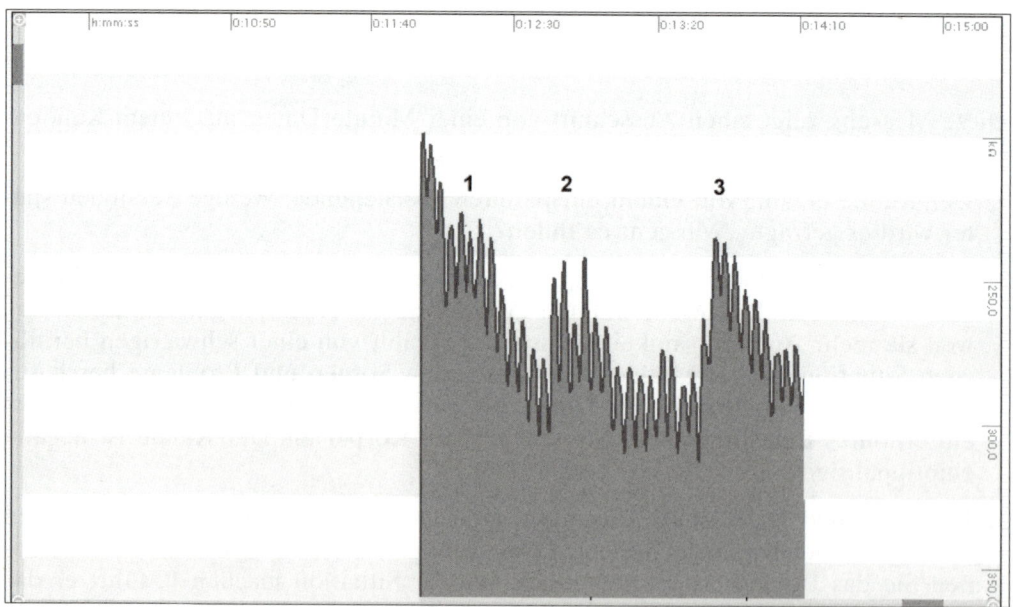

Abbildung 13: Wer einmal negativ abgespeichert ist, ist für immer negativ gespeichert

Bei dieser Messung geht es um einen ganz besonderen, sehr interessanten Aspekt der Neurokommunikation. Wieder zeigt diese Messung, wie wenig wir uns auf unser Gefühl verlassen können. Wir fragten einen Kunden, ob er sich an ein mittelmäßig unangenehmes Verkaufsgespräch erinnern könne, das mindestens sechs Monate zurückliegt. Nach einigem Nachdenken fiel ihm eine Situation ein.

Es ging um eine harmlose Reklamation mit seinem Handy. Der Kunde schilderte, dass zwei Verkäufer keinerlei Kulanz gezeigt hatten, obwohl er noch Garantie hatte. Das hatte ihn gestört. Auf unsere Frage, ob ihm dieses unangenehme Gespräch jetzt – sechs Monate später – noch etwas ausmache, sagte er nein. Es sei ihm inzwischen egal. Er habe es auch vergessen. Das sagte ihm zumindest sein Gefühl. Aus unseren Forschungen wissen wir, dass es genau anders ist. Schon, dass er sich daran erinnern konnte, zeigt, dass er es gespeichert und damit nicht vergessen hatte. Also schlossen wir ihn an die Messung an und baten ihn, uns nur in Stichworten zu erzählen, was in diesem Geschäft passiert war.

1. Obwohl er äußerlich ganz entspannt und ruhig blieb, schossen seine Messwerte sofort in die Höhe. Dann sprachen wir über ein anderes Thema, sein Projekt, das er als Architekt betreute.

2. Genau eine Minute später nannten wir nur das Stichwort: Handy und Reklamation. Sofort gingen die Messwerte wieder nach oben und zeigten eine körperliche Belastung an. Sie ist Folge der damals erlebten negativen Emotion, die im Gehirn für immer gespeichert und damit gelernt ist. Der Architekt versicherte uns, der Gedanke an die damalige, ärgerliche Reklamation mache ihm in keiner Weise etwas aus. Dann sprachen wir wieder eine Minute lang über seine Architekturprojekte.

3. Genau eine Minute später nannten wir wieder nur das Stichwort: Handy und Reklamation. Wieder gingen die Messwerte sofort nach oben. Wieder ruft das Gehirn auf die Stichworte hin sowohl die negative Emotion als auch die körperliche Stressreaktion auf, die viele Monate vorher im Kopf abgespeichert worden war.

Wir wiederholten diese Messung über zwei Stunden, mehrere Tage und Wochen später. Jedes Mal reagierte sein Körper, sein Stressgedächtnis mit einer erhöhten Belastung. Das bedeutet:

1. Das Gehirn eines Kunden speichert selbst ganz kurze, negativ erlebte Situationen für immer.

2. Es genügt ein einziges Wort, um durch Assoziationen (Erinnerungen) im Körper des Kunden eine unspürbare Stressbelastung auszulösen.

3. Ist eine Situation oder Person einmal negativ assoziiert, so kann dies nur mit viel Aufwand wieder revidiert bzw. ins Positive gelenkt werden.

4. Das gilt auch, wenn Kunden glauben, die Situation mache ihnen nichts mehr aus oder sie hätten sie vergessen.

Was schließen wir daraus? Es lohnt sich, so konstruktiv wie möglich zu kommunizieren, mit möglichst positiver Wortwahl, möglichst oft sachliche oder angenehme Themen anzusprechen, selbst wenig von Problemen zu erzählen, Kunden möglichst wenig auf Probleme anzusprechen und möglichst alles zu vermeiden, was in der Kommunikation negative Emotionen auslöst. Stattdessen ist das Ziel, die Kommunikation grundsätzlich umzustellen.

⚠ Emotion-Selling-Tipp:

Verabschieden Sie sich von jeder Form der negativen Kommunikation. Arbeiten Sie daran, auf der Basis dieses neuen Wissens und der neu entdeckten messbaren Sensibilität Ihre Kommunikation so konstruktiv, wertschätzend und motivierend wie möglich aufzubauen. Vertrauen Sie dabei wesentlich weniger auf Ihr Gefühl.

Kommunikation mit anderen Menschen ist dann gut und erfolgreich, wenn Sie sicher sind, bei anderen positive Emotionen auszulösen. An die Stelle von „Streiten tut gut und Dampf ablassen gehört dazu" und ähnlichen Überzeugungen könnte die Frage treten: „Was löse ich mit dem, was ich sage, bei anderen aus, welche Erinnerungen und Assoziationen?"

Das Prinzip des Emotion Selling lautet: Jeder ist so attraktiv für andere wie das, was er durch seine Kommunikation in jeder Sekunde auslöst.

Messbeispiel 3: Die Reaktion im Körper des Kunden bei einer Problemdiskussion

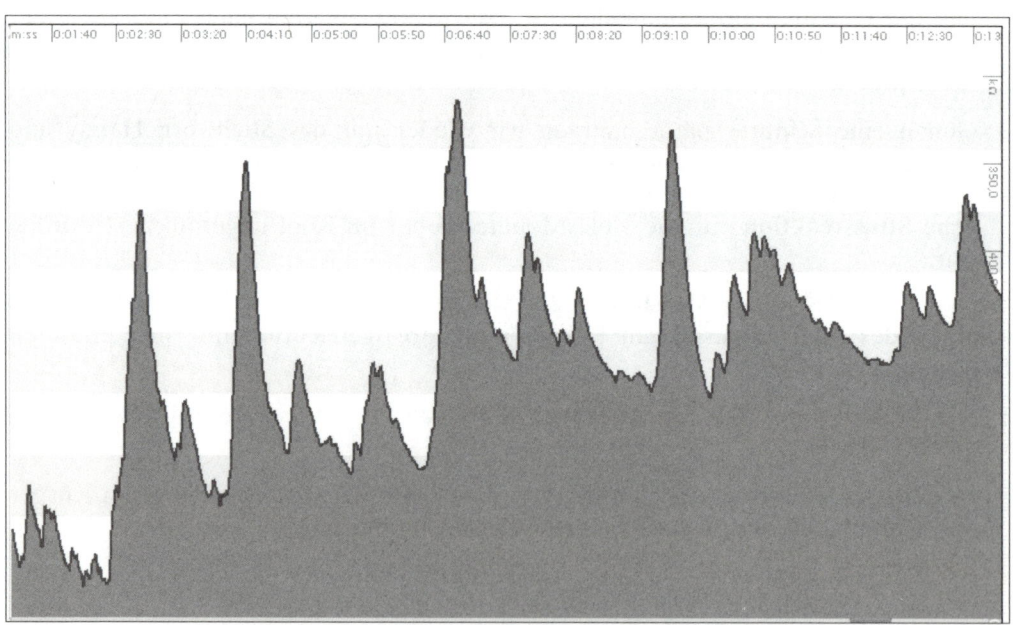

Abbildung 14: Die Reaktion im Körper des Kunden bei einer Problemdiskussion

Diese Messung zeigt die vegetative Reaktion eines Kunden, der mit seinem Gesprächspartner in einer Verhandlung über Probleme diskutiert. Das Gespräch dauert 13 Minuten. Beide Parteien haben unterschiedliche Standpunkte darüber, wie ein Marketingprojekt durchgeführt werden soll. Beide Gesprächspartner glauben, es sei wichtig, die Probleme zu benennen und die Nachteile aufzuzeigen. Wir halten das für ein problemzentriertes, zeitaufwändiges und nachteiliges Vorgehen. Der Weg zur Lösung wäre in 50 Prozent der Zeit mit einem besseren Ergebnis und einer deutlich besseren Atmosphäre möglich gewesen.

Die hohen Spitzen kamen zu Stande, wenn der Gesprächspartner des Kunden aktiv auf Probleme in Verbindung mit dessen Konzept hinwies: „Ich sehe da ein Problem", „Das können wir nicht machen!" und ähnliche Aussagen. Der Kunde fühlte sich dadurch abgewertet und begann, sich zu rechtfertigen. Interessanterweise beurteilten beide Parteien die Diskussionen als anregend und normal. Dass die Diskussionen teilweise emotional geführt wurden, führten sie auf hohes Engagement zurück. Als wir beiden Gesprächspartnern die Messungen zeigten, waren sie überrascht und beeindruckt. Ihr eigenes Gefühl war durchweg gut gewesen. Das zeigt wieder einmal, wie wenig das eigene Gefühl geeignet ist abzubilden, was wirklich passiert.

Die Messung belegt, dass der Kunde während der kontroversen Diskussion hohe Stresswerte im Körper hatte, deren Ursache die Art der gemeinsamen Kommunikation war. Das bedeutet höheres Adrenalin, Cortisol und die ganze Kette nachteiliger Stressreaktionen. Der Gesprächspartner des Kunden wird dadurch negativ wahrgenommen, negativ bewertet und als Problem im Kopf des Kunden mit dem dazugehörigen Stresshormoncocktail gespeichert. Das hat auf Dauer nachteilige Konsequenzen für die gemeinsame Geschäftsbeziehung.

Emotion Selling bevorzugt den Ansatz, die Probleme realistisch zu sehen, sie möglichst selten oder gar nicht zu kommunizieren, sie im Kopf zu lösen und sooft wie möglich Lösungen vorzuschlagen und diese miteinander zu besprechen.

Es geht um Lösungszentrierung und Konstruktivität auf hohem kommunikativen Niveau. Das Ergebnis wäre auch eine signifikant niedrigere Belastungskurve beim Kunden, also eine positivere Emotion, in der Diskussion mehr Lösungen als Grundlage für effektive Entscheidungen und am Ende des Gesprächs eine höhere Kundenzufriedenheit. Lösungskommunikation schafft ein produktives und motivierendes Lösungsklima mit besseren Ergebnissen.

Um oben Genanntes zu erreichen, gibt es das **Speed-Modell**. Speed ist ein Kommunikationsmodell für höhere Effektivität der gesamten Unternehmenskommunikation, der Führung, in Meetings und selbstverständlich in der Kommunikation mit Kunden.

Es hat folgende **fünf Stufen**:

1. Registrieren und erkennen Sie das Problem. Verzichten Sie darauf, es zu kommunizieren und zu nennen.

2. Analysieren Sie das Problem im Kopf, suchen und finden Sie Lösungen und Verbesserungsvorschläge.

3. Kommunizieren Sie die Lösungen und machen Sie Verbesserungsvorschläge.

4. Nennen Sie die Nutzen und Vorteile der einzelnen Lösungen und Vorschläge.

5. Wenn Sie selbst keine Lösung wissen, fragen Sie andere, welche Lösungen sie sehen. Schildern Sie dabei das Problem oder die Fragestellung so kurz wie möglich. Lenken Sie die Kommunikation sofort wieder auf Lösungsmöglichkeiten.

Die Produktivität der konsequent lösungszentrierten Kommunikation ist erlebbar höher. Darüber hinaus würde der Gesprächspartner mehr als Löser denn als Problematisierer wahrgenommen werden und dadurch eine deutlich höhere Kompetenz zugewiesen bekommen.

Der weitgehende Verzicht auf das im Alltag durchaus beliebte problemzentrierte Diskutieren, das viele Meetings und Besprechungen dominiert, erzeugt gleichzeitig eine höhere Produktivität, Wertschöpfung, Geschwindigkeit in Entscheidungen und eine positivere Motivation, weil Lösungen mehr Spaß machen. Lösungen verdienen Zeit und Geld.

Wir empfehlen deshalb das genannte Kommunikationsmodell als Baustein für eine Lösungskultur oder lösungszentrierte Kommunikationskultur in Unternehmen: gut sind: **20 Prozent Problemkommunikation – 80 Prozent Lösungskommunikation. Profis schaffen 10 Prozent zu 90 Prozent.**

Nach unseren Erfahrungen wirkt dieser Ansatz anfangs sehr neu – speziell wegen seiner Konsequenz. Wer ihn kennen lernt, kann sich zunächst kaum vorstellen, auf die traditionell bekannten Problemmuster zu verzichten. Nach kurzer Zeit wird die Effektivität deutlich. Dann macht Speed Spaß und begeistert.

 Das, was wir sagen, insbesondere welche Wörter wir benutzen und wie wir etwas sagen, hat Auswirkungen auf den Körper unseres Gesprächspartners. Für den Verkauf bedeuten diese Erkenntnisse, dass Verkaufsgespräche eine größere Chance auf Erfolg haben, je hochwertiger die Kommunikation ist und je besser dadurch eine Stress- und Belastungsreaktion vermieden wird. Emotion Selling zeigt neue Wege.

„Normales Verkaufen" vs. Emotion Selling

Wie wir bei den Messungen gesehen haben, reagieren Kunden unbewusst sehr empfindlich auf alles, was bei ihnen negative Assoziationen auslöst. Wir haben in die negativen Kommunikationsstrategien aufgezeigt, die nach den Erkenntnissen aus den Messungen die Kaufmotivation der Kunden reduzieren. Wir empfehlen, sie zu vermeiden und stattdessen die neuen Strategien des Emotion Selling zu benutzen.

Die Grafik ist als Checkliste aufgebaut. Bei Bedarf ist es möglich, Kreuze in die Kästchen zu machen, um eine Ist-Analyse oder eine Bedarfsanalyse durchzuführen.

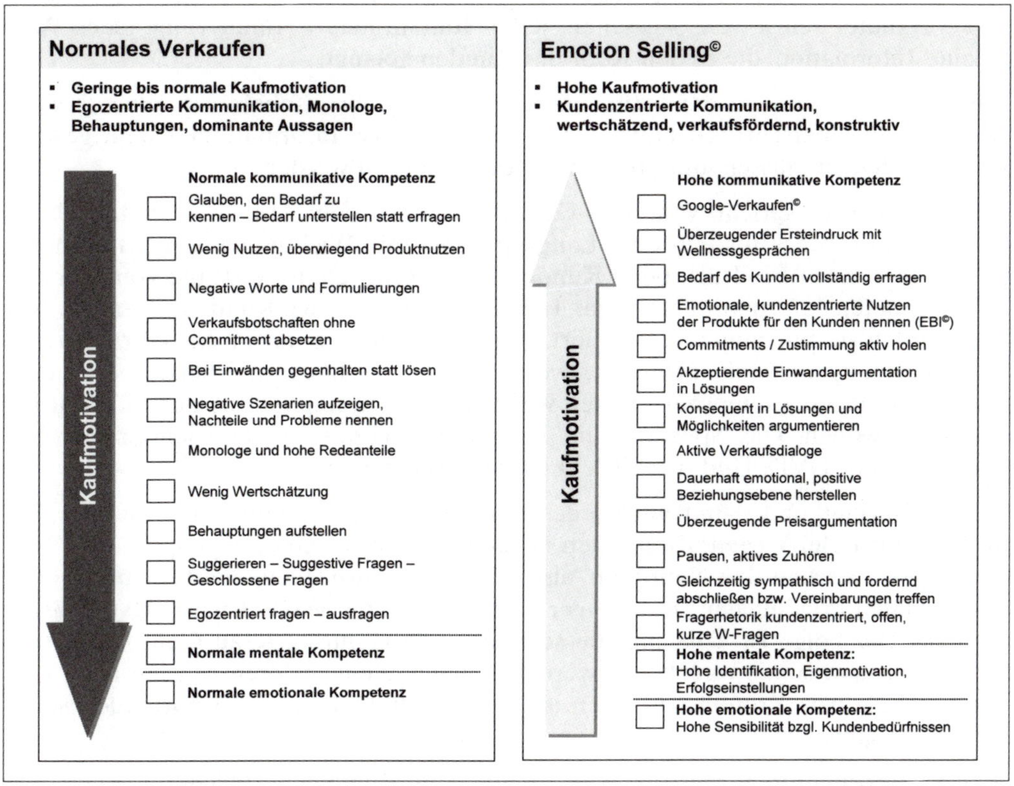

Normales Verkaufen

- Geringe bis normale Kaufmotivation
- Egozentrierte Kommunikation, Monologe, Behauptungen, dominante Aussagen

Kaufmotivation

Normale kommunikative Kompetenz

☐ Glauben, den Bedarf zu kennen – Bedarf unterstellen statt erfragen

☐ Wenig Nutzen, überwiegend Produktnutzen

☐ Negative Worte und Formulierungen

☐ Verkaufsbotschaften ohne Commitment absetzen

☐ Bei Einwänden gegenhalten statt lösen

☐ Negative Szenarien aufzeigen, Nachteile und Probleme nennen

☐ Monologe und hohe Redeanteile

☐ Wenig Wertschätzung

☐ Behauptungen aufstellen

☐ Suggerieren – Suggestive Fragen – Geschlossene Fragen

☐ Egozentriert fragen – ausfragen

☐ **Normale mentale Kompetenz**

☐ **Normale emotionale Kompetenz**

Emotion Selling©

- Hohe Kaufmotivation
- Kundenzentrierte Kommunikation, wertschätzend, verkaufsfördernd, konstruktiv

Kaufmotivation

Hohe kommunikative Kompetenz

☐ Google-Verkaufen©

☐ Überzeugender Ersteindruck mit Wellnessgesprächen

☐ Bedarf des Kunden vollständig erfragen

☐ Emotionale, kundenzentrierte Nutzen der Produkte für den Kunden nennen (EBI©)

☐ Commitments / Zustimmung aktiv holen

☐ Akzeptierende Einwandargumentation in Lösungen

☐ Konsequent in Lösungen und Möglichkeiten argumentieren

☐ Aktive Verkaufsdialoge

☐ Dauerhaft emotional, positive Beziehungsebene herstellen

☐ Überzeugende Preisargumentation

☐ Pausen, aktives Zuhören

☐ Gleichzeitig sympathisch und fordernd abschließen bzw. Vereinbarungen treffen

☐ Fragerhetorik kundenzentriert, offen, kurze W-Fragen

☐ **Hohe mentale Kompetenz:** Hohe Identifikation, Eigenmotivation, Erfolgseinstellungen

☐ **Hohe emotionale Kompetenz:** Hohe Sensibilität bzgl. Kundenbedürfnissen

Abbildung 15: „Normales Verkaufen" vs. Emotion Selling – Unterschiede in den Qualitätsstandards und Methoden (ein Auszug)

Phase 6: Wie sich Verkäufer für immer in den Kopf von Kunden einbrennen: Speichern, Lernen und Konditionieren

Wir wissen heute, dass sich unser Gehirn, und das ist unabhängig vom Alter, ständig verändert. Diese neuronale Plastizität ist die Fähigkeit des Gehirns, seine Struktur an veränderte äußere Bedingungen, an Erfahrungen und neue Anforderungen anzupassen. Diese Erkenntnis ist noch relativ neu und wird in der Literatur erst seit wenigen Jahren beschrieben. Wir dachten früher, dass sich unser Gehirn ab einem bestimmten Alter nur noch wenig oder gar nicht mehr verändern kann. Das ist heute widerlegt. Daraus ergibt sich die Chance für Unternehmen und für Verkäufer, sich für immer positiv in den Kopf des Kunden zu engrammieren.

Wie speichert ein Gehirn Informationen? Wie speichert es zum Beispiel die Erfahrung eines Verkaufsgesprächs? Jede Information hinterlässt in unserem Gehirn Spuren. So auch Verkaufsgespräche oder aus Sicht des Kunden Einkaufsgespräche. Der Verkäufer selbst, sein Aussehen, jeder Tonfall, jede Formulierung, jedes Wort ist eine Information, die in den Kopf des Kunden gelangt.

Informationen werden dann für immer abgespeichert, sobald sie eine gewisse Reizschwelle überschritten haben. Das bedeutet, dass Informationen eine gewisse Intensität haben müssen, um überhaupt gespeichert zu werden.

Die Lerntheorie spricht von drei Gedächtnisarten: dem Ultrakurzzeitgedächtnis, dem Kurzzeitgedächtnis und dem Langzeitgedächtnis. Wichtig, um einen nachhaltig positiv wirkenden Eindruck beim Kunden zu hinterlassen, ist, dass die vom Verkäufer gesendeten Informationen in das Langzeitgedächtnis des Kunden gelangen. Nur hier werden sie für immer gespeichert. Informationen, die nur in das Ultrakurzzeit- oder Kurzzeitgedächtnis gelangen, werden nur zwischengespeichert. Es entsteht sozusagen nur eine temporäre Datei, wenn wir eine Metapher aus der PC-Welt heranziehen wollen. Das Speichern im Langzeitgedächtnis ist vergleichbar mit dem Brennen einer DVD. Und diese DVD ist dann für immer.

Jede Erfahrung, und damit auch jedes Verkaufsgespräch, manifestiert sich im Gehirn auf zweierlei Wegen. Zum einen entstehen neue Synapsen. Synapsen sind Verbindungen zwischen den Neuronen, also unseren Gehirnzellen, die die Übertragung von Signalen ermöglichen. Je häufiger eine Verbindung genutzt wird, desto stärker wird sie. Die Folge ist, dass Signale schneller von Gehirnzelle zu Gehirnzelle weitergegeben und somit verarbeitet werden können. Zum anderen werden neue Proteinmoleküle bzw. Proteinstrukturen im Gehirn gebildet, die die Information selbst für immer speichern.

Welche Informationen werden vom Gehirn des Kunden gespeichert? Auch hier speichert der Kunde auf Grund der selektiv negativen Wahrnehmung eher die für ihn negativen Aussagen oder Worte des Verkäufers.

Welches Wort fällt Ihnen in der nachfolgenden Aussage am meisten auf? „Eigentlich sind unsere Produkte sehr sicher." Der Verkäufer nutzt hier eine Einschränkung durch das Wort „eigentlich". Genau dieses Wort ist es, das in der dominant selektiven Negativwahrnehmung dem Kunden besonders auffällt und im Gedächtnis hängen bleibt. Dieses eine Wort signalisiert dem Kunden Gefahr. Hier könnte sich ein Nachteil verbergen, den der Kunde gern vermeiden möchte. Wäre das Produkt wirklich sicher, so würde der Verkäufer keine Einschränkung nutzen. Diese Formulierung hat durch die Einschränkung die Reizschwelle zwischen den Neuronen überschritten und ist ins Langzeitgedächtnis gelangt. Es wurde somit für immer gespeichert.

Folglich gibt es Aussagen, die vom Gehirn bevorzugt gespeichert werden. Es gibt verschiedenste Arten von Aussagen, positive wie negative, die besonders prädestiniert sind, wahrgenommen und gespeichert zu werden. Zu nennen sind hier die

Wörter und Formulierungen, die beim Kunden negative Assoziationen hervorrufen, wie z. B. das Wort „Risiko" oder die Formulierung „Machen Sie sich keine Sorgen". Aussagen, die eine Einschränkung enthalten, wie zum Beispiel „Im Prinzip können Sie sich darauf verlassen", gehören ebenso in diese Kategorie wie abwertende Bemerkungen („So können Sie das nicht sehen.").

All diese negativen Aussagen werden schon deshalb, weil wir sie verstärkt wahrnehmen, auch eher abgespeichert als positive Aussagen. So steigt die gespeicherte Menge an Negativem überproportional zur Menge des Positiven. Dies kann auch dann der Fall sein, wenn das Verkaufsgespräch insgesamt überwiegend wertschätzend, freundlich und positiv verlaufen ist. Der Satz „Eigentlich sind unsere Produkte sehr sicher" enthält überwiegend neutrale bzw. positive Wörter, trotzdem fällt uns das Wort „eigentlich" als einziges, nur leicht negatives Wort am meisten auf, und wir speichern die Aussage als negativ ab.

Warum speichert das Gehirn gerade diese Wörter und Sprachstrategien bevorzugt? All diese Wörter und Sprachstrategien werden deshalb bevorzugt wahrgenommen und im Langzeitgedächtnis gespeichert, weil die daran gekoppelten Emotionen besonders intensiv sind und die Reizschwelle zwischen den Neuronen somit für diese Informationen bzw. Reize leichter zu überwinden ist. Der Sinn ist hier wieder der Schutz vor Gefahren.

Neben den an das Wort oder an die Sprachstrategie gekoppelten Emotionen wird auch der gesamte Kontext gespeichert, das heißt die gesamte Umgebung, alle Gerüche, Geräusche, alles und jeder, den wir in diesem Moment sehen, alles, was wir spüren. Auch positive Aussagen, Formulierungen, Argumente und Wörter werden gespeichert, sofern sie die Reizschwelle überschreiten. Sprachstrategien, die eine gute Chance haben, im Langzeitgedächtnis abgespeichert zu werden, sind: Wertschätzung zeigen, fragen, zuhören, ausreden lassen und beim Kunden positiv assoziierte Themen ansprechen. Die positiven Schlüsselwörter und Sprachstrategien erzeugen jedoch weit weniger Aufmerksamkeit als negative Schlüsselwörter und werden deshalb auch weniger oft gespeichert.

Die nachhaltigste und umsatzförderndste Art, positiv beim Kunden gespeichert zu werden, ist:

► wirklich kundenzentrierte Verkaufsgespräche nach den neuen Emotion-Selling-Standards zu führen,

► im Kunden, wo auch immer er mit dem Unternehmen, dem Verkäufer oder dem Produkt in Berührung kommt, ein „Das will ich haben"-Verlangen zu wecken und

► den Kunden auf allen Sinneskanälen so positiv wie möglich anzusprechen.

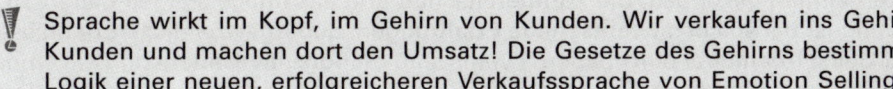 Sprache wirkt im Kopf, im Gehirn von Kunden. Wir verkaufen ins Gehirn von Kunden und machen dort den Umsatz! Die Gesetze des Gehirns bestimmen die Logik einer neuen, erfolgreicheren Verkaufssprache von Emotion Selling.

Den Kunden auf allen Sinneskanälen so positiv wie möglich ansprechen

Die Lerntheorie sagt, dass dann etwas besonders gut und schnell gelernt werden kann, wenn etwas Neues auf mindestens drei Sinneskanälen gleichzeitig aufgenommen wird. Das liegt daran, dass auch hier die Reizschwelle überschritten wird und sich der Weg ins Langzeitgedächtnis öffnet.

Besonders gespeichert werden intensive Erlebnisse, die einen positiven oder negativen Hormoncocktail im Körper auslösen. Da wir eine nachhaltig positive und möglichst umsatzstarke Beziehung zum Kunden aufbauen möchten, ist es äußerst wirksam, Events für Kunden zu kreieren, die einen so genannten „Glückshormoncocktail" erzeugen. Dazu muss ein Event zwei Bedingungen erfüllen:

1. Es muss als sehr positiv und

2. zugleich als aufregend empfunden werden. Kunden sollten Spaß haben.

Aufregung, Spannung, große Freude, Euphorie, Liebe, Leidenschaft oder Kicks erzeugen in einem positiven Rahmen diesen gewünschten Cocktail der Glückshormone. Die vier maßgeblich daran beteiligten Hormone sind: Adrenalin, Oxytozin, Serotonin und Dopamin.

Werbe- und Marketingstrategien, die über negative Aufmerksamkeit gehen, erreichen ebenso eine Ausschüttung eines Hormoncocktails, jedoch eines anderen mit anderen Konsequenzen. Er löst eine Stress- und Belastungsreaktion im Körper des Kunden aus. Diese möchte der Kunde, wie schon erwähnt, auf Dauer intuitiv und evolutionsbiologisch bedingt vermeiden. Die Folge: Der Kunde wendet sich ab, das Image des Unternehmens verschlechtert sich, der Umsatz sinkt. Dieser Hormoncocktail, nennen wir ihn „Stresshormoncocktail", besteht zwar zum Teil aus den gleichen Hormonen wie beim Cocktail der Glückshormone, jedoch, und das ist entscheidend, ist die Balance der Hormone untereinander, also die Konzentrationsmenge, unterschiedlich. Dementsprechend sind die Konzentrationsmenge und die Kombination der Hormone im Gehirn und im Körper jeweils eine andere. Es werden sogar andere Hirnareale aktiviert. Es reicht also nicht aus, nur auf das Adrenalin zu spekulieren, das sowohl bei einem negativ wie auch positiv spannenden Event vom Körper hergestellt wird. Die Kombination ist das entscheidende Kriterium und schafft eine positive oder negative Bindung zwischen dem Kunden und dem Verkäufer bzw. dem Produkt.

> Ein vom Kunden positiv empfundenes Event, ein positiv empfundener Reiz oder eine positiv empfundene Erfahrung erzeugen einen Cocktail der Glückshormone. Dieser Cocktail der Glückshormone erzeugt Freude, das Gefühl von Glücklichsein, Freiheit, Leichtigkeit oder andere positive Emotionen. Die Folge: Die positiven Emotionen werden mit Ihnen als Verkäufer, mit dem Produkt und mit dem Unternehmen gekoppelt, die Kaufbereitschaft und das Image steigen dauerhaft. Wichtig ist bei solchen Events, neue Erfahrungen, außergewöhnliche Erlebnisse und kleine Abenteuer einzubauen. Events sind oft hohe Investitionen in die emotionale Kundenbindung. Es lohnt sich, Events nach den Kriterien von Emotion Selling zu planen und durchzuführen.

Phase 7: Belohnung für das gute Gefühl: Die Kaufentscheidung

Die Bedeutung der persönlichen Verkaufskommunikation ist von Branche zu Branche unterschiedlich. Im Supermarkt an der Kasse spielt sie eine geringere Rolle, weil die Kontaktzeit sehr eingeschränkt ist. Bei beratenden Berufen, im Key-Account-Management, bei der Betreuung von Schlüsselkunden, bei Verhandlungen um größere Aufträge, überall da, wo längere Gesprächs- und Kontaktzeiten vorhanden sind, steigt die Bedeutung der Qualität der persönlichen Kommunikation. Ob Kunden sich für oder gegen ein Produkt entscheiden, hängt in diesen Branchen immer mehr vom Verkäufer und seiner kommunikativen Kompetenz ab. Denn Umsatz macht meist nur die Nr. 1 im Kopf des Kunden. Das ist in der Regel derjenige, der für den Kunden am attraktivsten war und ist. Nach Milliarden von Eindrücken werden viele Kunden am Ende sagen: „Ich hatte ein gutes Gefühl. Ich habe aus dem Bauch heraus gekauft." Ziel ist, am Ende eines jeden Gesprächs einen möglichst positiven Eindruck auf dem Emotionskonto im Kopf des Kunden hinterlassen zu haben.

Teil 3:

Messbar besser verkaufen: Emotionen erkennen, analysieren und steuern

Als wir mit unserer Projektgruppe 1988 die Grundzüge dieser Theorie fertiggestellt hatten, lagen sieben Jahre sehr interessanter Forschungsarbeit hinter uns. Unser Ziel war, die extrem komplexe Welt der Emotionen und Gefühle zu verstehen und, wenn möglich, eine logische Struktur zu entdecken. Wir fragten uns, ob hinter den mehr als 80 unterschiedlichen Emotionen eventuell ein Prinzip steckt, eine Struktur, eine Meta-Ebene, etwas, das alle Emotionen verbindet. Wir hatten Glück und glauben, diese Meta-Struktur gefunden zu haben. In den folgenden Kapiteln stellen wir Ihnen unser Emotionsmodell vor. Sie erfahren, wie Emotionen uns beeinflussen und welche bedeutenden Zusammenhänge es zwischen Kommunikation, Emotion, Kunden und Umsatz gibt.

Das Emotionsmodell

Wenn wir verstehen, wo Emotionen herkommen und wie sie ausgelöst werden, kann jeder Mensch sich selbst und andere besser verstehen. Es lässt sich erklären, nach welchen emotionalen Mustern wir leben, handeln, reagieren, kaufen und vor allem – welche Emotionen uns bewegen und antreiben. Wenn wir das besser verstehen können, hat das große Vorteile für ...

▶ die Entwicklung attraktiver Produkte, die Menschen emotionalisieren,

▶ für das Marketing, um zu verstehen und zu entscheiden, ob es Sinn macht, beispielsweise Geld in Markenentwicklung zu investieren, Zielgruppen und Verbraucher emotional anzusprechen (Emotion Marketing und Emotion Branding),

▶ das Produktmanagement, um Produkte beispielsweise mit emotionalen Erlebnissen zu assoziieren,

▶ für die Werbung, um wenig emotionale Werbesprüche wie „Ford – die tun was" im Vergleich zu Coca-Cola „Get the feeling" oder „Freiheit und Abenteuer" von Marlboro systematisch einschätzen zu können. (Emotion in Advertisement)

▶ für den Verkauf, um mit Kunden und Menschen auf allen Ebenen erfolgreicher zu sein. Das gilt deshalb, weil das gute Gefühl des Kunden am Ende, wenn alle Fakten besprochen sind, das entscheidende Kaufmotiv ist. Deshalb sprechen wir von Emotion Selling.

Bislang haben Veröffentlichungen und Studien weltweit völlig zu Recht dargelegt, dass Emotionen für jeden Menschen etwas anderes sind, jeder unterschiedlich empfindet und fühlt. Vieles, was bisher Bauchgefühl und Intuition und deshalb oft Zufall war, kann jetzt mit einem wissenschaftlich basierten, logischen Modell begründet werden. Aus unserer Sicht ist damit eine deutlich höhere Trefferquote für verschiedenste Entscheidungen möglich. Das sind oft Entscheidungen, die mit hohen Investitionen verbunden sind, wenn eine Marketingstrategien oder eine Markenentwicklung für ein Unternehmen über viele Jahre gilt.

Möglicherweise ist die Emotion das Produkt, das die Kunden kaufen. Emotion ist viel mehr als nur ein Zusatznutzen, Emotion ist ein eigenständiges Produkt. Es ist viel Geld wert. Wer die bessere und attraktivere Emotion vermitteln kann, hat einen deutlichen Wettbewerbsvorteil. Deshalb fanden wir es wichtig, viel von Emotion zu verstehen – Emotionen selbst zu verstehen.

Unser Modell ist einfach nachvollziehbar. Die daraus abgeleiteten Analyseinstrumente für Produktentwicklung, Marketing, Branding und Verkauf sind es ebenso. Zufall kann jetzt in vielen Punkten durch System ersetzt werden. Vieles wird einfacher, leichter und effektiver. Wir gehen bei unserem Emotionsmodell von folgenden Annahmen aus:

▶ Jeder Mensch will, dass es ihm gut geht.

▶ Jeder Mensch will negative Emotionen vermeiden.

- Jeder Mensch will positive Emotionen erreichen.
- Jeder Mensch will Fremdbestimmung vermeiden.
- Jeder Mensch will Einfluss und Selbstbestimmung.
- Jeder Mensch will Abwertung vermeiden.
- Jeder Mensch will Respekt und Wertgefühl.

 Das Emotionssystem im Kopf des Kunden ist die Zentrale für alle Bewertungsprozesse. Es entscheidet über Attraktivität und Nicht-Attraktivität, über Kauf oder Nicht-Kauf.

Die wichtigsten emotionalen Motive: Die „Könige" im Kopf des Kunden

Als die „Könige" im Kopf des Kunden bezeichnen wir vier Emotionen. Es sind die vier großen Emotionsklassen. Alle anderen Emotionen ordnen sich diesen so genannten Königsemotionen unter. Diese Königsemotionen heißen für die positive Seite Mastergefühl und Wertgefühl und für die negative Seite Ohnmachtsgefühl und Minderwertgefühl.

Der Kunde sollte im Verkauf immer König sein. Doch was steuert den König Kunde? Welche Herrscher hat er in seinem Kopf? Wie können wir diese bedienen, um bestmögliche Ergebnisse zu erzielen?

Ziel erfolgreicher Kommunikation mit Kunden ist es, positive Emotionen zu verstärken, das heißt, das Mastergefühl und Wertgefühl zu erhöhen und negative Emotionen, also das Ohnmachtsgefühl und Minderwertgefühl, zu vermeiden. Alle Kommunikationsstrategien lassen sich diesen Königsemotionen unterordnen und erzeugen mindestens eine davon. Je höher das Mastergefühl und Wertgefühl und je geringer das Ohnmachtsgefühl und Minderwertgefühl, desto mehr steht der Kunde wirklich im Mittelpunkt und fühlt sich wohl und desto höher die Kaufbereitschaft. Was genau diese vier Könige im Alltag bedeuten, zeigen die nächsten Kapitel.

Ohnmachtsgefühl/Fremdbestimmung: König Nr. 1

Ohnmacht ist das negativste Gefühl, das Menschen kennen und erleben. Ohnmacht bedeutet, ohne Macht zu sein, keinen Einfluss zu haben, die Kontrolle zu verlieren, nichts machen zu können, negativen Dingen ausgesetzt zu sein, fremdbestimmt zu werden, Probleme zu haben, dominiert zu werden, tun zu müssen, was andere sagen, gezwungen zu werden, sich fügen zu müssen, abhängig zu sein, unangenehme Umstände nicht verändern zu können und vieles andere. „Loss of control" ist der Fachbegriff. In der Psychologie gibt es tausende von Studien dazu. Viele davon beschäftigen sich mit der Tatsache, dass wir Ohnmacht lernen. Ein aus unserer Sicht

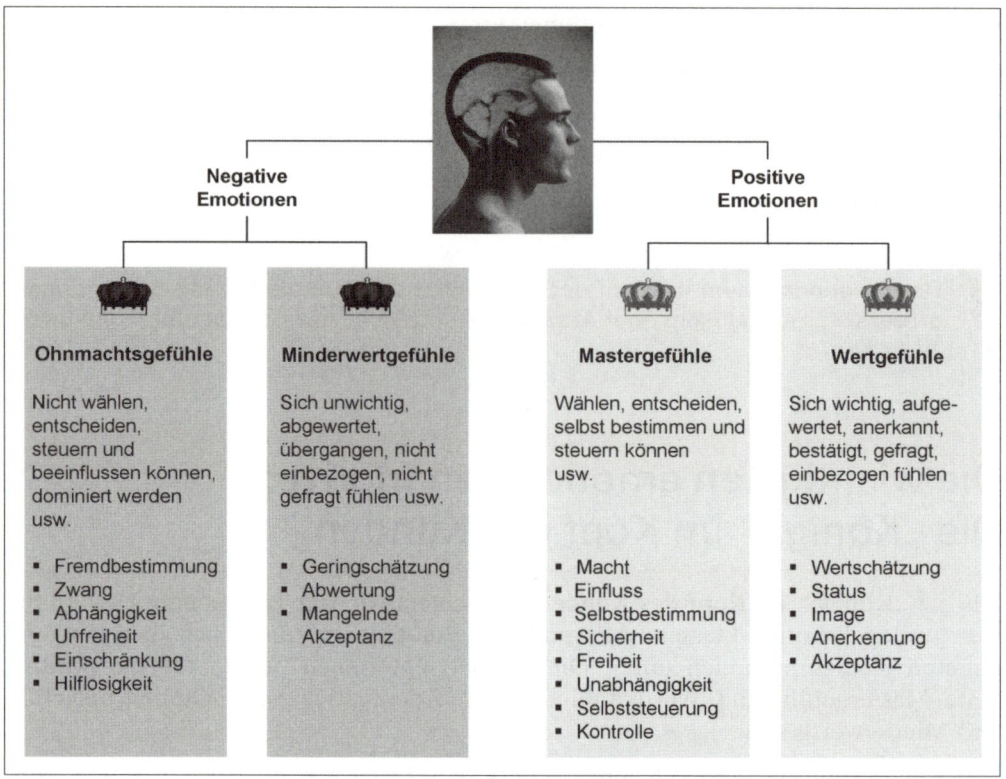

Negative Emotionen		Positive Emotionen	
Ohnmachtsgefühle	**Minderwertgefühle**	**Mastergefühle**	**Wertgefühle**
Nicht wählen, entscheiden, steuern und beeinflussen können, dominiert werden usw.	Sich unwichtig, abgewertet, übergangen, nicht einbezogen, nicht gefragt fühlen usw.	Wählen, entscheiden, selbst bestimmen und steuern können usw.	Sich wichtig, aufgewertet, anerkannt, bestätigt, gefragt, einbezogen fühlen usw.
• Fremdbestimmung • Zwang • Abhängigkeit • Unfreiheit • Einschränkung • Hilflosigkeit	• Geringschätzung • Abwertung • Mangelnde Akzeptanz	• Macht • Einfluss • Selbstbestimmung • Sicherheit • Freiheit • Unabhängigkeit • Selbststeuerung • Kontrolle	• Wertschätzung • Status • Image • Anerkennung • Akzeptanz

Abbildung 16: Neuro-Emotionstheorie: Die „Könige" im Kopf des Kunden

empfehlenswertes Buch ist *Pessimisten küsst man nicht* von Martin Seligman. Es beschreibt sehr praxisnah die Konsequenzen gelernter Ohnmacht („learned helplessness"), nämlich Frustration, Aggressionen und negativen Stress.

Menschen haben über viele Jahrtausende alles getan, um sich aus Strukturen der Abhängigkeit, Fremdbestimmung und damit der Ohnmacht zu befreien. Ohnmacht aufzulösen ist das Ziel aller Freiheitsbewegungen. Während in der gesellschaftspolitischen Diskussion Macht und Ohnmacht häufig diskutiert werden, trat in den Hintergrund, dass Ohnmacht täglicher Begleiter in der Alltagskommunikation ist. Durch die präzise Analytik der Neurowissenschaft erkennen wir jetzt, wie viele Sprachmuster dazu dienen, Macht auszuüben und bei anderen Ohnmacht zu erzeugen. Die Macht des einen ist die *Ohn-Macht* des anderen. Hier gilt in der Regel das Nullsummenprinzip.

Ohnmacht ist eine typische Struktur in der menschlichen Kommunikation. Jeder von uns kennt sie bestens aus der Erziehung. Wann immer Eltern oder Erzieher Kinder kritisieren, erzeugen sie Ohnmacht, weil die Kinder gegen die unangenehme Kritik nichts machen können. Wann immer Kinder Anweisungen und Befehle bekommen, tun müssen, was Eltern sagen, ihnen gesagt wird, was sie nicht dürfen,

Vorschriften gemacht, Verbote ausgesprochen werden und mit Konsequenzen oder Strafe gedroht wird, wird Ohnmacht ausgelöst.

In einem Forschungsprojekt erfassten wir an der Universität Essen die Zahl der negativen Bemerkungen, die ein Kindergehirn pro Tag hört. Es sind im Durchschnitt etwas mehr als 500. Hochgerechnet bedeutet das, dass die meisten von uns und damit auch unsere Kunden bis zum Alter von 18 Jahren durchschnittlich mehr als 1,5 Millionen Mal negativ angesprochen werden. Neurologie und Lernpsychologie belegen, dass jede einzelne negative Bemerkung für das Gehirn einen starken Negativreiz darstellt. Das bedeutet (siehe das Prinzip der dominant selektiven Negativwahrnehmung), dass jede einzelne Bemerkung und die daran assoziierten Situationen und Personen im Langzeitgedächtnis gespeichert werden. Das wiederum bedeutet, dass wir sie uns für immer merken. Daraus leitet sich die Erkenntnis ab, dass wir mit Wörtern wie „müssen", einem scheinbar normalen Wort, einen riesigen Negativspeicher im Kopf des Kunden öffnen.

Aus der Stressforschung und der Stressmedizin wissen wir, dass Ohnmacht starke negative Emotionen und Reaktionen auslöst – selbst bei Kindern schon – und dass dadurch im Körper eine hohe Belastung und Schädigung entsteht. Dieser Aspekt wurde im Nucleus-Modell schon beschrieben.

Die Konsequenz: Wir mögen aufgrund dieser millionenfachen negativen Prägung weder Menschen, die dominant sind, uns sagen, was gut für uns ist, oder uns einfach dadurch dominieren, dass sie in Gesprächen den größten Teil der Redezeit für sich verbuchen. Es gibt eine starke Tendenz, diese Menschen zu meiden. In manchen Kundengesprächen reichen wenige dogmatische, suggestive Bemerkungen, dann ist der Kunde verärgert.

„Ich sehe, Ihnen geht es gut. Die Geschäfte laufen. Das ist schön. Heute habe ich Ihnen etwas Neues mitgebracht, das Ihnen gefallen wird." Das waren fünf Sekunden in einem Kundengespräch. So normal diese Aussage erscheint, so harmlos, so ist sie genau das Gegenteil. Sie beinhaltet drei Suggestionen. Der Verkäufer geht allein von sich aus, wenn er glaubt, er wisse, wie es dem Kunden geht, dass die Geschäfte laufen und dass das, was er mitgebracht hat, den Kunden interessieren wird. Unbewusst stellt sich der Verkäufer mit diesen scheinbar positiven Aussagen über den Kunden. Er wertet von oben herab, über den Kopf des Kunden. Damit dominiert er.

Kunden haben tausende von Situationen im Gehirn gespeichert, in denen sie dominiert wurden. Dominiert zu werden bedeutet Ohnmacht. Den positiven neuronalen Buchungen auf dem Emotionskonto im Kopf des Kunden durch den freundlichen Einstieg des Verkäufers stehen drei Ohnmachtsbuchungen gegenüber, die Milliarden von Assoziationen ausgelöst haben. Unsere Messungen aus der Stressmedizin zeigen, dass allein der Gedanke an eine früher gehörte negative Bemerkung, zum Beispiel eine Kritik, noch 10, 20 oder 30 Jahre später immer wieder eine messbare Stressreaktionen im Körper auslöst.

Beachten Sie, was Sie auslösen, wenn Sie etwas sagen. Beachten Sie die Wucht von Wörtern und Formulierungen.

Minderwertgefühl: König Nr. 2

Minderwertgefühl steht für Geringschätzung, Abwertung und wenig Respekt. Abwertung erleben wir tausendfach im Alltag. Abwertung steckt als logisches Prinzip hinter hunderten von Kommunikationsmustern, die wir im Alltag nur anders nennen. Hier sind einige Beispiele: Wer sich übergangen, kritisiert, nicht ernst genommen, überredet, angegriffen, eingeschränkt, bevormundet und klein gemacht fühlt, nicht gefragt und einbezogen wird, erlebt das intuitiv als Abwertung.

Während unserer Forschung entdeckten wir mit großem Erstaunen und einer bestimmten Faszination, dass es fast 100 Kommunikationsmechanismen gibt, die wir benutzen, um andere Menschen abzuwerten und klein zu machen. Hier seien nur einige genannt und darauf hingewiesen, dass wir die meisten dieser Abwertungsmechanismen für völlig selbstverständlich halten und sie im Alltag die Regel sind: Kritik, Vorwürfe, Beschuldigungen, Ironie, Satire, Sarkasmus, Verneinung, Befehle und Anweisungen geben, andere unterbrechen, Witze auf Kosten anderer, lästern, ermahnen, Fehler anderer ansprechen, sagen, was sie falsch machen, sagen, was uns stört oder nicht gefällt, Unterstellungen, von uns selbst erzählen, ohne andere zu fragen, nicht auf andere eingehen, sticheln, Recht haben wollen – das sind nur einige der Kommunikationsstrategien, die ein Minderwertgefühl auslösen.

Warum nutzen wir diese Kommunikationsmuster so oft? Warum verwenden wir sie, wenn wir doch mit anderen Menschen privat wie beruflich auf Dauer gute Beziehungen leben wollen? Wer im Alltag einmal beobachtet, wie Menschen wegen weniger Worte oder negativer Bemerkungen emotional werden und Gespräche eskalieren, bekommt ein Gefühl dafür, welche starken Emotionen durch einzelne Worte oder Bemerkungen ausgelöst werden können. Das könnte uns zu denken geben und uns motivieren, in der Kommunikation mit Kunden eine höhere Sensibilität zu beweisen.

Wie aus Mücken Elefanten werden: Ein Beispieldialog

Dazu ein Beispiel mit etwas Emotionsanalytik und Humor, um die Prinzipien hinter den scheinbar harmlosen Aussagen aufzudecken, die in der Alltagskommunikation oft typisch sind. Einmal angenommen:

Sie wartet zu Hause auf ihn. Sie freut sich, dass er um 19 Uhr nach Hause kommt und beide gemeinsam essen können. Er kommt 15 Minuten später. Als sie um 19 Uhr 10 auf die Uhr sieht, bekommt sie ein ungutes Gefühl. (Abwertung – wenn sie für ihn wichtig wäre, wäre er pünktlich, dazu eine kleine Ohnmacht, sie kann die Situation nicht beeinflussen.) Wäre er pünktlich gekommen, hätte sie zu ihm gesagt: „Schön, dass du da bist." (Aufwertung, Wertschätzung) Jetzt, da er zu spät kommt, wechselt sie durch die erlebte Abwertung auf eine negative Kommunikation. Sie sagt zu ihm – mit leicht vorwurfsvollem Unterton: „**Na, bist du auch schon da? Du hättest wenigstens Bescheid sagen können?**"

Sein Ohr hört diese Aussage und leitet sie an sein Gehirn weiter. Sein Gehirn aktiviert jetzt den neuronalen Suchlauf Neuro-Google. Der Suchbefehl lautet: Suche mir alle Erinnerungen an Vorwürfe, die ich jemals im Leben gehört habe. Eine tausendstel Sekunde später hat Neuro-Google die Antwort: 160 000-mal einen Vorwurf gehört. Die assoziierte Emotion: negativ. Wir mögen weder Vorwürfe noch Menschen, die uns Vorwürfe machen. In dieser Sekunde ist ihm seine Frau etwas weniger sympathisch, weil sie ihm ein schlechtes Gefühl gibt.

Wir fühlen uns bei Vorwürfen abgewertet, angegriffen und in die Ecke gedrängt (Ohnmachtsgefühl, weil wir oft nichts dagegen machen können). Er hat jetzt – eine tausendstel Sekunde später – automatisch ein schlechtes Gefühl. Weitere tausendstel Sekunden später ruft das Gehirn automatisch die in der Kindheit erlernte Reaktion gegen Vorwürfe ab: den Gegenvorwurf.

Was liegt näher, als jetzt selbst negativ zu kommunizieren, um sich gegen das negative Gefühl zu wehren, das sie bei ihm ausgelöst hat? Er antwortet: „**Jetzt rege dich nicht wegen solcher Kleinigkeiten auf.**" (Er bevormundet sie, indem er ihr sagt, was sie tun und lassen soll, in diesem Fall sich nicht aufregen. Das ist ein Ohnmachtsgefühl und von oben herab gesagt, also eine Abwertung. Er wertet sie ein zweites Mal ab, indem er ihr Bedürfnis als Kleinigkeit bezeichnet.)

Liebe Leser, vielleicht wird hier deutlich, warum wir bei Emotion Selling so viel Wert auf Kleinigkeiten legen. Die Bilanz dieses Gesprächs bis hierhin: zwei Sätze, drei Abwertungen und zweimal Ohnmachtsgefühl in etwa fünf Sekunden Gespräch. Scheinbar eine kleine Ursache und eine große Wirkung. Schauen wir, wie es weitergeht.

Ihr Gehirn registriert über Neuro-Google blitzschnell, dass er sie nicht ernst genug nimmt. Sie hätte eine Entschuldigung erwartet und bekommt einen Vorwurf. Ihr Gehirn ruft jetzt das Programm ab: „Das lasse ich mir nicht gefallen. Ich bin im Recht."

Sie sagt: „**Ich rege mich nicht auf.**" (Widerspruch – bei ihm aus Erfahrung negativ assoziiert und unbeliebt) „**Bei anderen Leuten bist du pünktlich. Die scheinen dir ja wichtiger zu sein.**" (Wieder ein Vorwurf – tausendfach gehört – Abwertung und Ohnmacht) „**Und außerdem ist es nicht das erste Mal.**" (Sie spricht ihn auf einen Fehler an, assoziiert Unzuverlässigkeit, das bedeutet Abwertung.) Er spürt, dass Ärger in ihm aufsteigt. Er denkt: Das muss ich mir nach einem langen Tag nicht anhören. Sie hätte wenigstens erst einmal ‚Guten Tag' sagen können. Etwas gereizt antwortet er: „**Jetzt hör endlich auf.**" (Er bevormundet sie. Das ist von oben herab, in ihrem Gehirn tausendfach gespeichert und negativ – Abwertung und Ohnmacht, weil sie das früher öfter von ihren Eltern gehört hat, gegen die sie nichts machen konnte.) „**Und im Übrigen bist du auch oft genug unpünktlich.**" (Eine Beschuldigung – löst Abwertung und Ohnmacht aus.)

Sie antwortet: „**Darum geht es hier nicht. Versuche nicht, von dir abzulenken.**"

Er: „**Worum es hier geht, bestimmst du ja wohl nicht! Und wenn das so weitergeht, ist die Stimmung für heute Abend hin.**"

Sie: „**Das liegt ja wohl an dir.**" (Eine Beschuldigung) „**Wärst du pünktlich gewesen ...**" (Noch eine Beschuldigung)

Er: „**Du machst aus jeder Mücke einen Elefanten.**" (Eine negative Unterstellung und Generalisierung – Ohnmacht) „**Du bist genau wie deine Mutter.**" (Negative Attribute – doppelte Abwertung für Mutter und Tochter).

Sie: „**Jetzt beleidigst du auch noch meine Mutter.**" (Wieder ein Vorwurf – Volltreffer)

Und so weiter, und so weiter.

Ob die beiden an diesem Abend noch etwas zusammen gemacht haben, wer weiß?

Folgende Überlegungen möchten wir Ihnen an dieser Stelle anbieten:

▶ Wie lange könnte die Zeit sein, in der sie schmollen und sich aus dem Weg gehen?

▶ Wie viele schöne Dinge hätten die beiden in der Zeit zusammen machen können?

▶ Wie lange bleibt diese kleine Auseinandersetzung noch im Kopf?

▶ Wie viel Lebenszeit investieren wir im Alltag in solche Gespräche?

▶ Was bedeutet es auf Dauer für private oder berufliche Beziehungen, so miteinander umzugehen?

Ein Wort gibt schnell das andere. Oft genügen Sekunden, um emotional zu werden. Angeblich sind Kleinigkeiten die Auslöser. Aus Sicht der Neuroassoziation betrachtet geht es hier um Volltreffer im Emotionssystem. Es ist eben weniger das, was wir sagen oder meinen, es ist, was wir bei anderen in ihrem neuronalen System auslösen. Dazu genügen Kleinigkeiten. Das Assoziationsprinzip sagt: Ein Vorwurf aktiviert alle Vorwürfe. Eine Suggestion aktiviert alle Suggestionen. Eine Beschuldigung aktiviert alle Beschuldigungen.

Bei unseren Messungen fanden wir Gespräche mit durchschnittlich 20 Abwertungen und assoziierten Ohnmachten pro Minute, zum Beispiel bei der Diskussion gegensätzlicher Standpunkte. Wissen wir, was wir da tun? Wie entfernen wir die kleinen Abwertungen aus unserer Sprache und nutzen eine Kommunikation, die unseren Kunden ein hohes Maß an Wertgefühl vermittelt? Unsere Analysen zeigen, dass 90 Prozent aller Meinungsverschiedenheiten, Auseinandersetzungen, Diskussionen und Konflikte dadurch entstehen, dass eine der Parteien oder sogar beide sich abgewertet, nicht ernst genommen oder angegriffen fühlen.

Ein weiteres Beispiel, welche Wucht Abwertungen haben können, ist ein Zitat des ehemaligen Bundesfinanzministers Peer Steinbrück. Es ist ein Musterbeispiel für die Wirkung von negativer Sprache. Es zeigt, wie wenige Worte hunderttausende von Menschen abwerten können. Steinbrück hatte das Ziel, ein „Steuerparadies", die Schweiz, zu motivieren, ihre Steuergesetze zu ändern, um potenziellen Steuersündern weniger Möglichkeiten zu bieten.

Dazu wählte er die folgende Aussage: „**Die Drohung** (Abwertung + starke Ohnmacht) **mit einer schwarzen Liste der OECD ist gewissermaßen die siebte Kavallerie vor Yuma, die man ausreiten lassen kann** (Drohung)**, aber die muss man nicht unbedingt ausreiten.** (Ein Machtgefühl für den Minister, ein Ohnmachtsgefühl für die Schweizer) **Die Indianer** (Abwertung) **müssen nur wissen, dass es sie gibt. Und wenn das allein schon Nervosität bei denen hervorruft, die sich fragen: Oh, komme ich auf diese Liste – dann kommt da ja richtig Zug in den Kamin.“** (Ein Machtgefühl für den Minister und ein Ohnmachtsgefühl für die Schweizer) (Quelle: www.spiegel.de, Steinbrück, 3/2009)

Steinbrück hatte möglicherweise ein Master- und Machtgefühl. Außerdem mag er sich wichtig gefühlt haben, indem er andere abwertete („Denen habe ich es gezeigt.“). Wie es das Nullsummenprinzip beschreibt, ist die Macht des einen die Ohnmacht des anderen und die Aufwertung des einen die Abwertung des anderen. Mit wenigen Worten ist es Steinbrück gelungen, einige hunderttausend Menschen gegen sich aufzubringen. Er wurde als arrogant bezeichnet und sein Rücktritt gefordert. Aus welcher Sprachkultur kommen wir?

Die Abwertung geht eng mit dem Ohnmachtsgefühl einher. Andere Menschen bewerten uns. Sie sagen, was gut oder schlecht ist, sie kritisieren, nehmen unsere Meinung nicht ernst und so weiter. Wer andere bewertet, stellt sich automatisch über sie. Wer bewertet, ist oben, über anderen. Daraus ziehen wir das Gefühl der Aufwertung und das Mastergefühl. Wer bewertet wird, ist unten. Wer unten ist, hat ein Ohnmachtsgefühl und ist weniger wichtig als der, der oben ist. Das ist die Abwertung. Andere Menschen abzuwerten, haben wir als eine der wichtigsten Strukturen der menschlichen Kommunikation erkannt.

Das Nullsummenprinzip von Abwertung und Aufwertung

Die Tatsache, dass wir etwa hundert Kommunikationsmuster nutzen, die anderen Menschen ein negatives Gefühl vermitteln, erklären wir durch die folgenden Thesen:

1. Der einfachste Weg, sein eigenes Wertgefühl zu erhöhen, ist, andere abzuwerten.

Wer andere kritisiert, ihnen ihre Schwächen, Fehler und Defizite aufzeigt, ihre Meinung für unwichtig erklärt, ihnen Vorwürfe macht, sie beschuldigt und so weiter, der wertet sich selbst auf. Das geschieht dadurch, dass der Kritiker sich über die Sache und die Personen stellt, die er kritisiert. Das hebt sein Wertgefühl. In der Politik gibt es viele Beispiele dafür. Dort wird überwiegend mit Vorwürfen und Kritik gearbeitet.

2. Die einfachste Weg, sein Machtgefühl zu erhöhen, ist, andere ohnmächtig zu machen.

Wer Macht ausübt, etwas zu sagen hat, Ziele festlegt, Kinder ins Bett bringen will, gibt Anweisungen, manchmal Befehle und entscheidet, ohne andere einzubeziehen. Andere haben zu tun, was der Mächtige sagt. Die Macht des einen ist fast immer die Ohnmacht des anderen. Das ist einer der Gründe, warum Machtkommunikation grundsätzlich Konfliktkommunikation bedeutet. Jeder kennt solche Beispiele aus Beruf und Privatleben. Wie viele Diskussionen gibt es allein um Fragen wie „Wer hat Recht?" oder „Wer bestimmt?"?

3. Wer das Wertgefühl des anderen erhöht, reduziert sein Wertgefühl im Verhältnis dazu.

Menschen, die anderen viel Wertschätzung geben, ihnen gegenüber Interesse zeigen, Fragen stellen, gut zuhören, anderen Aufmerksamkeit geben, machen oftmals eine interessante Erfahrung. Andere Menschen genießen es, ihnen lange und ausführlich von sich zu erzählen. Sie selbst werden eher selten gefragt, wie es ihnen geht. Das heißt ganz einfach, dass andere weniger an ihnen interessiert sind. Wer andere in den Mittelpunkt stellt, steht selbst im Hintergrund.

Wer gelernt hat, anderen zu sagen, was einem gefällt, also positive Feedbacks zu geben, Komplimente zu machen, Stärken anzusprechen, macht oft die Erfahrung, dass er selbst gibt und wenig zurückbekommt. Das mag daran liegen, dass die wenigsten Menschen gelernt haben, Wertschätzung zu geben. Ihnen fehlen oft ganz einfach die Worte und Formulierungen.

Auf Dauer stellt sich dann die Frage: Lohnt sich das? In der Regel gilt früher oder später die Antwort: Es lohnt sich nicht. Zwar fühlen andere sich wohl, manchmal kommt auch etwas zurück. Aus Sicht der Lerntheorie des Lernens am Erfolg bedeutet das: Folgt auf ein Verhalten keine Belohnung, wird das Verhalten gelöscht (Skinner). Früher oder später stellen die meisten Menschen ihre verbale Wertschätzung ein.

4. Wer anderen Macht gibt, gibt selbst Macht ab und vergrößert seine empfundene Ohnmacht.

Zu diesem Mechanismus gibt es ein wunderbares Beispiel. Es ist die Fragerhetorik. Aus Sicht der Emotionstheorie ist es unattraktiv, andere Menschen zu fragen. Wer eine Frage stellt, lässt dem anderen die Wahl, die Macht und die Freiheit, die Antwort zu wählen. Denn sie kann positiv, aber auch negativ ausfallen. Angenommen, jemand will ein Kind ins Bett bringen. Angenommen, jemand stellt dazu die Frage: „Was hältst du davon, ins Bett zu gehen?" Wer fragt, hat Unsicherheit über die Richtung der Antwort. Unsicherheit ist mit Ohnmacht assoziiert, und Ohnmachtsgefühle wollen wir vermeiden. Wie geht das? Am besten durch eine Anweisung: „Du gehst jetzt ins Bett!" Was sich in diesem Beispiel sehr einfach anhört, finden wir in der Alltagskommunikation täglich viele hundert Mal.

Kunden erwarten allerdings, da sie in der Machtposition sind, dass sie grundsätzlich und oft gefragt werden, sei es nach ihrer Meinung, ihrem Empfinden, ihren Zielen, ihren Vorstellungen und allem anderen. Ihnen stehen jedoch Verkäufer gegenüber, die das Gefühl haben, dass sie, wenn sie Kunden nach ihrer Meinung fragen, auf Kontrolle verzichten und ihre Steuerung im Gespräch reduzieren.

Nehmen wir ein Beispiel: „Wie schätzen Sie mein Produkt im Verhältnis zur Konkurrenz ein?" Rational handelt es sich um eine Frage, mit der wir wichtige Informationen bekommen können. Emotional ist diese Frage eher unattraktiv. Intuitiv gibt es die Angst vor der negativen Antwort. Der Kunde könnte mein Produkt weniger attraktiv finden als das der Konkurrenz. (Das ist eine Ohnmacht, eine negative Situation mit Konsequenzen.) Wer möchte schon negative Antworten hören? Von daher ist es ausgesprochen natürlich, dass mehr als 80 Prozent aller Verkäufer intuitiv vermeiden, Kunden nach ihrer Einschätzung, ihrer Meinung zu fragen.

Das könnte auch erklären, warum tausende von Verkäufern die Fragetechnik rational für hilfreich halten, sie in der Praxis allerdings selten einsetzen. Während egozentriertes Fragen, um sich selbst wichtige Informationen vom Kunden zu besorgen („Wie viel Budget haben Sie für mich zur Verfügung?") noch funktioniert, weil der eigene Nutzen im Vordergrund steht, ist das bei kundenzentrierten Fragen anders, anspruchsvoller. Doch sie sind einer der wichtigsten Schlüssel zu einer dauerhaft guten Beziehungsebene und Voraussetzung für einen erfolgreichen Abschluss.

Dabei gibt es eine ausgesprochen positive Motivation dafür, die Ohnmacht des Fragers in Kauf zu nehmen. Wer andere Menschen fragt, zeigt Interesse, gibt Wertschätzung, baut dadurch eine positive Beziehungsebene auf und bekommt neben der Sympathie des Kunden auch noch wichtige Informationen. Fragen halten wir im Sinne des Emotion Selling für ideal.

Emotion-Selling-Tipp:

Emotional gilt: Wer fragt, hat das Gefühl, dass der andere führt, weil er die Antwort bestimmt und die anders sein könnte, als ich es mir wünsche. Rational gilt: Wer fragt, führt. Die Lösung: Wer diese Zusammenhänge erkennt und die Unsicherheit, die der Fragende hat, aushalten lernt, verfügt über eine exzellente Kommunikation, und Kunden bekommen genau das, was sie erwarten und brauchen. Die wenigen Verkäufer, die diese Kommunikation beherrschen, verkaufen sehr viel mehr und leichter.

Mastergefühl: König Nr. 3

Dieser Begriff beschreibt die positivste menschliche Emotion, das positivste Gefühl. Es geht um Freiheit, Selbstbestimmung und Selbststeuerung. Frei wählen und entscheiden können, selbst bestimmen, einen freien Willen haben, sich die Umstände aussuchen können, sich Dinge leisten und kaufen können, über Möglichkeiten verfügen und dadurch frei sein, Geld haben, Macht und Einfluss haben, all das gehört zum Mastergefühl. Das Mastergefühl bei Kunden herzustellen hat eine große Bedeutung für Produktentwicklung, Marketing, Branding und Verkauf.

Produkte, die eine einfache Bedienung ermöglichen, wie zum Beispiel das iPhone oder die Computer von Apple, sind wesentlich attraktiver, weil Kunden das Gefühl haben, schneller und einfacher damit arbeiten zu können. Unternehmen, die wie McDonald's für Millionen Kunden täglich die Möglichkeit schaffen, in kurzer Zeit und schnell etwas zu essen, befriedigen damit ein Grundbedürfnis, schnell über Nahrung zu verfügen. Das Internet ist deshalb attraktiv und setzt seinen Siegeszug weltweit fort, weil es sehr viele Freiheiten ermöglicht. Ohne Aufwand in Sekunden Briefe zu versenden, die früher Tage benötigten und umständlich zu schreiben waren. Mit Menschen in anderen Kontinenten jederzeit kommunizieren zu können, eröffnet neue Freiheiten und Möglichkeiten. Im Fernsehen bestimmen zunehmend die Zuschauer das Programm. Das ist ein Zuwachs an Mastergefühl und eine signifikante Machtverschiebung zu Gunsten der Zuschauer.

Kunden verfügen heute bei den meisten Produkten über die Möglichkeit, frei zu wählen. Wer heute Schuhe, Kleidung, Lebensmittel oder andere Produkte kaufen will, hat verschiedenste Möglichkeiten und damit die Wahlfreiheit, das Mastergefühl. Damit hat er Macht. Der Kunde ist König. Von dieser Emotionstheorie lassen sich auch zukünftige Erfolgsmodelle ableiten. Wer früher noch Zeit und Aufwand investiert, um sich eine Zeitung am Kiosk zu kaufen, hat heute die Möglichkeit, sie auf dem Handy elektronisch zu lesen. Er kann sich Zeit und Aufwand ersparen. Wer heute eine Zeitung kauft, interessiert sich möglicherweise nur für einen bestimmten Teil der Themen. Warum sollen Kunden etwas kaufen, was sie nur zum Teil brauchen? Mit hoher Wahrscheinlichkeit werden sie in Zukunft auswählen und gezielt das lesen, was sie möchten. Sie werden wählen. Deshalb können wir sicher sein, dass das Mastergefühl (durch das Internet schnell und jederzeit lesen können, aus viel mehr Informationsangebot auswählen können und nur noch genau das lesen, was interessiert) als Grundbedürfnis der Ausgangspunkt für eine bedeutende Umstrukturierung des Zeitungsmarktes ist.

Um dieses Mastergefühl von Kunden zu befriedigen, sind in der freien Marktwirtschaft in den letzten Jahrzehnten ganz neue Infrastrukturen entstanden. Kunden wollen alles einfach erreichbar haben. Das Mastergefühl bestimmt maßgeblich als zentrales menschliches Bedürfnis eines jeden Individuums den Erfolg in Märkten. Alles, was Kunden Mastergefühl gibt, was schneller, einfacher und leichter geht, ist für Kunden attraktiv und hat in der Zukunft Chancen auf Erfolg und Wachstum.

Einige Modelle und wissenschaftliche Ansätze

Der Fachbegriff heißt „Personal Control". Es geht um das Gefühl, selbst steuern zu können. Er wurde von Coleman im Rahmen klassischer Experimente der Sozialpsychologie als wichtigster Motivationsfaktor beschrieben. Leistung, Engagement und Identifikation von Menschen steigen, je mehr sie über Freiräume verfügen und mitbestimmen können. Dieses Motivationsmodell hat eine große Bedeutung für die Führung von Unternehmen und Menschen allgemein. Wenn man Freiräume zum Handeln und zum Entscheiden hat, entsteht in der Regel eine intrinsische und deshalb starke Motivation. Sie erzeugt bessere Ergebnisse. Menschen lieben es, Freiräume zu haben.

Ein anderer wissenschaftlicher Ansatz zu diesem Emotionsmodell ist das Self-Efficacy-Konzept nach Bandura. Eberspächer hat gut lesbar das Prinzip der Selbst-Wirksamkeitsüberzeugung beschrieben. Ein anderer Name für das Konzept ist die so genannte Ich-Wirksamkeit. Rotter nennt es das Locus-of-Control-Modell. Sie alle haben eines gemeinsam: Sobald ein Mensch das Gefühl der internalen Kontrolle und Steuerung hat, er also selbst bestimmen kann, fühlt er sich wohl.

Einen etwas anderen Ansatz liefert de Charms mit seinem Origin-Pawn-Modell der Rollentheorie. Am Beispiel des Schachspiels beschreibt de Charms zwei unterschiedliche Persönlichkeitstypen. Wer im Lauf des Lebens durch viel Lob, Wertschätzung und Erfolgserlebnisse zu starkem Selbstbewusstsein erzogen wurde und ein Mastergefühl gelernt hat, hat glauben gelernt, dass er die Umstände selbst bestimmen und sein Leben selbst in die Hand nehmen kann. Er sieht sich selbst in der Steuerposition, gestaltet seine Umstände selbst und kann sie bei Bedarf selbst verändern. Dieses Mastergefühl haben erfolgreiche Menschen stark ausgeprägt. Origin ist derjenige, der auf dem Schachbrett die Figuren zieht. Pawn ist symbolisch der Bauer. Er wird gezogen. Er ist die Marionette an den Fäden. Ihm wurde in der Erziehung der Glaube vermittelt, das Leben sei Schicksal und vorbestimmt, man könne sein Leben kaum selbst bestimmen. Dabei handelt es sich um eine fatalistische Grundhaltung. Sie entsteht aus anerzogenen Einstellungen wie „Ich kann nichts machen", „Ich tue, was andere mir sagen" und viele andere. Das Selbstbewusstsein ist eher gering ausgeprägt. Viele dieser Menschen sind Sicherheitsdenker.

Interessant ist, die Kommunikation zu analysieren, die solche Persönlichkeiten erzeugt. Wer häufig kritisiert wird, Befehle und Anweisungen bekommt, von wem Gehorsam verlangt wird, wer autoritär erzogen wird, wer wenig Lob und Wertschätzung erhält, tendiert dazu, wie ein „Bauer auf dem Schachbrett" zu sein. Sein Grundgefühl ist die gelernte Ohnmacht.

Mastergefühl in der Kommunikation mit Kunden

Wie schon erwähnt, hat die freie Marktwirtschaft uns als Kunden einen großen Machtzuwachs beschert. In vielen Fällen sind wir die Könige. Der große Trend im Markt heißt: so viel Wahlfreiheit, Entscheidungsfreiheit und Selbstbestimmung wie möglich. Was bedeutet das? Dazu einige Thesen:

Es ist ideal, ganze Verhandlungen, Beratungsgespräche und Verkaufsgespräche über einen deutlich höheren Anteil von Fragen zu führen. Die Methode dafür ist die ergebnisorientierte, moderierte Kommunikation. Kunden haben dabei in großem Maße das Gefühl, mehr selbst zu bestimmen. Das erwarten sie auch zu Recht. Kunden bewerten – wir sprechen hier von einer unbewussten, automatisierten Bewertung – am Ende eines Meetings, einer Präsentation oder eines Gesprächs auf ihrem Emotionskonto sehr klar, ob sie einbezogen und viel gefragt wurden. In diesem Fall bewerten sie das Gespräch emotional positiv.

Dabei geht es um spezielle, kundenzentrierte Fragen, bei denen die Ziele, Wünsche, Vorstellungen, Erwartungen und Bedingungen der Kunden im Mittelpunkt stehen und weniger das Ausfragen des Kunden, was für viele Verkaufsgespräche heute noch typisch ist.

Durch eine intensive Bedarfsermittlung, bei der auch die emotionalen Kaufmotive ermittelt werden, haben Kunden zunehmend das Gefühl, dass ihre Bedürfnisse genauer getroffen und erfüllt werden. Sie werden dadurch auch mehr hinter ihrer

Kaufentscheidung stehen. Die Kundenzufriedenheit steigt, und die Kundenbindung wird intensiver.

Wertgefühl: König Nr. 4

„Man vergisst leicht, worum es sich gehandelt hat, aber nie, wie man behandelt wurde." Diese Aussage weist daraufhin, dass Kunden größten Wert darauf legen, wichtig genommen, respektiert und akzeptiert zu werden.

Wertgefühl steht für Status, Wichtigkeit, Image, Bedeutung, Einzigartigkeit, Anerkennung, Wertschätzung, mehr sein als andere, andere beeindrucken, zu wichtigen gesellschaftlichen Gruppen dazugehören (Lions Club, Rotarier, Golfclubs), wichtige Menschen kennen, sich Dinge leisten können, konsumieren können, Teil von etwas Bedeutendem sein, geliebt werden, Zuwendung bekommen, etwas zu sagen haben und vieles andere. Das Streben nach Wert, Anerkennung und Wertschätzung ist ein fundamentales Grundbedürfnis von Menschen. Jeder Mensch strebt in irgendeiner Form danach. Ganze Märkte sind darauf aufgebaut, dieses Streben zu befriedigen.

In fast allen Märkten gibt es eine Rangliste der Werte. Bei Automobilen sind es die teuren und exklusiven, die dem Besitzer das Gefühl geben, erfolgreich zu sein, besonders zu sein, sich etwas Besonderes zu leisten und das auch nach außen zeigen zu können. Im Bereich des Sports macht es einen Unterschied, ob jemand Tischtennis spielt (in der Image-Rangliste eher unten) oder Tennis, Golf oder Polo. Bei Kleidung existieren Billigmarken und die exklusiven wie Armani, Prada und die vielen anderen. Marken sind deshalb wichtig, weil sie in kürzester Zeit, oft mit einem einzigen Blick auf das Logo, signalisieren, zu welcher Werteklasse der Besitzer gehören möchte. Ganze Gesellschaften und Kulturen teilen sich in Klassen, die einen bestimmten Wert darstellen, oben und unten, reich und arm.

Wertgefühl und Kommunikation

Wir beziehen einen großen Teil unserer Anerkennung und Wertschätzung aus der täglichen Kommunikation. Zu den Strategien, die Wertschätzung vermitteln, gehören in der Sprache:

Lob, Fragen, weil sie Interesse zeigen und aufwerten, in erster Linie kundenzentrierte Fragen, bei denen das Wertgefühl deutlich höher ist als bei egozentrierten Fragen oder Informationsfragen, positive Feedbacks, sagen, was gefällt, welche Stärken jemand hat, sich bedanken, Zustimmung, einer Meinung sein, Gemeinsamkeiten haben, ernst gemeinte, authentische Komplimente, Gespräche über gute Leistungen, gute Ergebnisse, positive Entwicklungen, Erfolgserlebnisse und Dinge, die gut laufen. Sobald wir darüber sprechen, machen wir andere stolz und selbstbewusst. In der Führung ist diese Methode als „Best Practice" bekannt.

Während wir zur Abwertung anderer Menschen mehr als hundert Kommunikationsmuster in der Sprache haben, sind es für die Aufwertung etwa zwanzig. Dazu kommt noch, dass negative Kommunikationsmuster wie etwa Kritik wesentlich häufiger benutzt werden als positive, beispielsweise Lob. Viele Menschen bekommen äußerst selten Wertschätzung, dafür umso häufiger Kritik. Bei unseren Kommunikationsanalysen fanden wir bei der Auswertung von mehr als 300 Stunden Video-material mit Alltagskommunikation an Schulen (etwa 200 Stunden) und in Eltern-häusern (etwa 100 Stunden) das 90 : 10-Prinzip. Durchschnittlich zu 90 Prozent wurde kritisiert, zu 10 Prozent Anerkennung und Lob ausgesprochen. Durch-schnittlich zu 90 Prozent wurde gesagt, wie es nicht geht, zu 10 Prozent wurden Lö-sungen genannt und gesagt, wie es geht.

Die Gallup-Studie (2001, Quelle: Gallup GmbH, http://eu.gallup.com) belegt eine ähnliche Größenordnung. Bei einer repräsentativen Umfrage von Mitarbeitern in Unternehmen erklärten etwa 69 Prozent, sie hätten innerlich gekündigt. Innere Kündigung erfolgt, wenn Mitarbeiter nur noch ihre Pflicht tun und sich wenig enga-gieren und identifizieren. Daraus ergibt sich ein deutlich reduziertes Leistungs-niveau. Als Hauptgründe wurden unklare Ziele und mangelnde Wertschätzung genannt. Offensichtlich ist es für die meisten Menschen ungewohnt und herausfor-dernd, Wertschätzung professionell zu geben. Die meisten Menschen stimmen aller-dings der Aussage zu, dass Wertschätzung wichtig ist. Wie erklärt sich die Differenz zwischen Anspruch und Wirklichkeit?

Die Emotionsanalyse anhand Obamas Rede zur Amtseinführung

Kommen wir noch einmal zurück auf den Auszug aus Barack Obamas Rede zur Amtseinführung aus Teil 2 dieses Buches. Die Definition der Könige in Klammern nach den Wörtern gibt an, welche Könige im Kopf des Hörers angesprochen wer-den. Die Beispiele verdeutlichen, wie unterschiedlich die ausgelösten Emotionen zweier Aussagen ausfallen können.

Immer wieder haben diese Männer und Frauen gekämpft **(Ohnmachtsgefühl)** und Opfer **(Ohnmachtsgefühl + Minderwertgefühl)** gebracht *(Wertgefühl)* und gearbeitet *(Wertgefühl)*, bis ihre Hände wund **(Ohnmachtsgefühl)** waren.

Emotion-Score: 2 x *Wertgefühl* + 3 x **Ohnmachtsgefühl** + 1 x **Minderwertgefühl**

Wir *(Wertgefühl)* bleiben die wohlhabendste *(Mastergefühl + Wertgefühl)*, mäch-tigste *(Mastergefühl + Wertgefühl)* Nation auf Erden.

Emotion-Score: 3 x *Wertgefühl* + 2 x *Mastergefühl*

Das Nullsummenprinzip der Emotionen:
Wenn das gute Gefühl des einen das schlechte Gefühl des anderen ist

Diese mathematische Spieltheorie ist ein Zweig der Psychologie und versucht, in komplexen Bedingungsfeldern logische Strukturen zu definieren. Dieses Prinzip ist gut aus dem Sport bekannt. Der Sieg des einen ist automatisch die Niederlage des anderen. Für den Verkauf stellt sich die Frage: Ist das gute Gefühl des Verkäufers auch das gute Gefühl des Kunden?

Beispiel: Unpünktlichkeit. Angenommen, Person B kommt unpünktlich. Person A stört das. Person A kritisiert jetzt Person B. Als Kritiker fühlt A sich gut dabei, seinen Unmut auszudrücken. Wer kritisiert, beendet einerseits ein schlechtes Gefühl, weil er Dampf ablässt. Andererseits hat er ein gutes Gefühl (Mastergefühl), weil er den Ärger herauslassen kann. Gleichzeitig wertet sich Person A selbst auf, weil er sich mit der Kritik über den anderen stellt, indem er das Verhalten Unpünktlichkeit und damit die Person B bewertet (Wertgefühl). Person B, die negativ kritisiert wird, fühlt sich abgewertet (Minderwertgefühl) und kann gegen die Kritik nichts machen (Ohnmachtsgefühl).

Daraus folgt:

► Das schlechte Gefühl des einen ist das gute Gefühl des anderen.

► Die Macht des einen ist die Ohnmacht des anderen.

► Das Wertgefühl des einen ist die Abwertung des anderen.

► Steht einer von zwei Partnern im Mittelpunkt, steht der andere im Hintergrund.

► Erhöht sich das Mastergefühl eines Partners, verringert sich das Mastergefühl des anderen Partners.

► Wenn einer von zwei Partnern dominiert, steuert und führt, wird der andere dominiert, gesteuert und geführt.

Diese Nullsummenbedingungen sind typisch für die menschliche Kommunikation. Ob wir privat kritisieren, Vorwürfe machen, andere beschuldigen, Dampf ablassen, sagen, was uns nicht gefällt, es macht uns für andere unattraktiv, weil wir bei ihnen ein negatives Gefühl auslösen. Es ist erstaunlich, wie viele Menschen in ihrem Privatleben so kommunizieren, dass sie ihre privaten Beziehungen riskieren.

Wer aus einer normalen Sprachkultur kommt, bevorzugt intuitiv, um selbst ein gutes Gefühl zu haben, Sprachmuster, bei denen er sich selbst eher wohl und sich der Gesprächspartner oft genug unwohl fühlt. Für die Kundenkommunikation ist es jedoch grundsätzlich wichtig, auf die Kommunikationsstrategien zu verzichten, die Kunden ein schlechtes Gefühl vermitteln. Das sind unter anderem Verhaltensweisen wie selbst viel reden, Monologe halten, Suggestionen, Unterstellungen und Behauptungen. Diese und viele andere Kommunikationsstrategien gehen auf Kosten der Gesprächspartner. Umso wichtiger ist, so oft wie möglich Kommunikationsstrategien zu nutzen, die Kunden wirklich wertschätzen. Und das bedeutet für uns: konsequentes Umlernen.

▼ Emotion-Selling-Tipp:

Fragen Sie sich immer: Fühlt sich der Kunde gerade gut? Interessiert ihn das, was ich erzähle? Vermuten Sie nicht, fragen Sie den Kunden, dann sind Sie sicher.

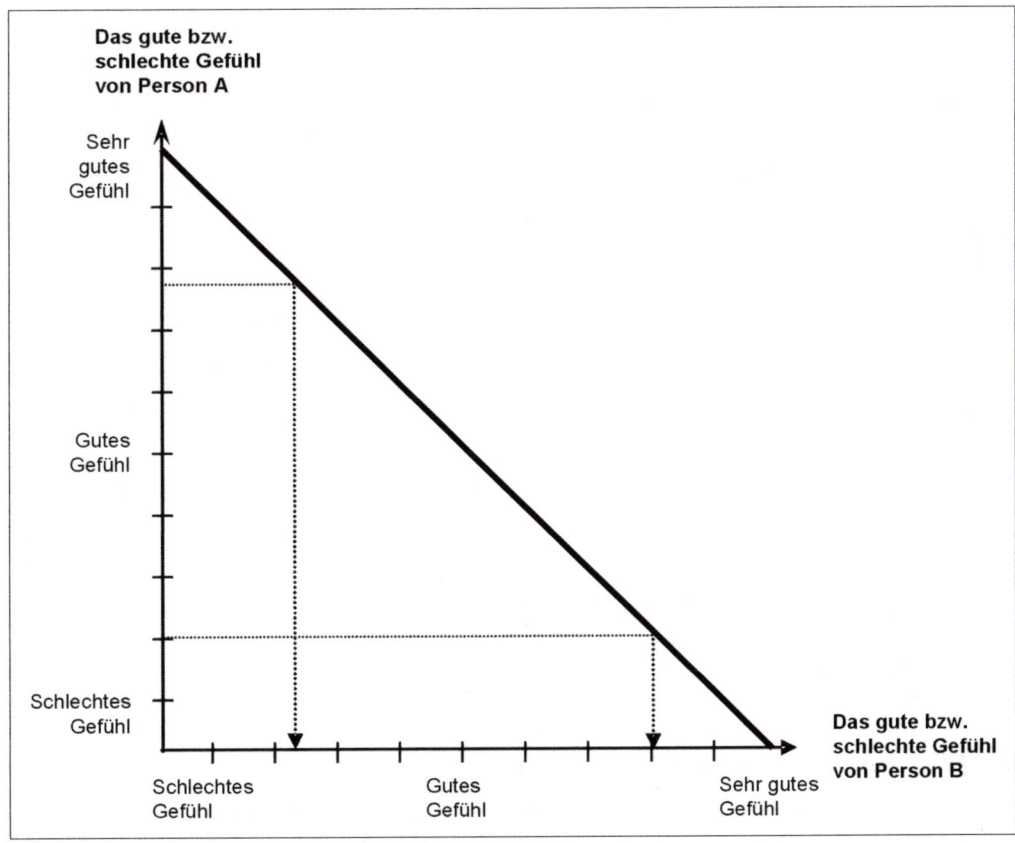

Abbildung 17: Das Nullsummenprinzip der Emotionen

Schlussfolgerungen und Prinzipien
für Emotion Selling

Weil das Ziel professioneller und erfolgreicher Kommunikation mit Kunden ein gutes Gefühl des Kunden ist, gelten die folgenden Prinzipien der Neurowissenschaft und der Neuro-Emotionstheorie:

▶ Vermeiden Sie jede Kommunikation, die Kunden ein Ohnmachtsgefühl vermittelt.

▶ Verzichten Sie auf negative Wörter, Bemerkungen und Bewertungen, Suggestionen, die ihm sagen, was für ihn gut ist, auf Monologe, die ihm die Redefreiheit nehmen, und darauf, ihn zu überreden.

▶ Nutzen Sie eine Kommunikation, die dem Kunden möglichst viel Mastergefühl, Selbstbestimmung, Wahlfreiheit und Entscheidungsfreiheit vermittelt.

- Create positive client feelings. Ihr wichtigstes Produkt ist das positive Gefühl des Kunden.

- Beachten Sie das Paradoxon der Gesprächsführung: Wahre Führung bedeutet, direkte Führung durch Monologe und Suggestionen aufgeben zu können, um sie durch indirekte Führung mit Hilfe von Fragen wiederzubekommen. Es ist möglich zu führen, ohne zu führen. Das ist perfekt.

- Reduzieren Sie Ihr Mastergefühl und Wertgefühl, damit der Kunde mehr davon hat.

- Verzichten Sie auf Ihr eigenes gutes Gefühl, damit der Kunde eins hat.

- Verzichten Sie auf den Spaß, sich selbst zu verkaufen und darzustellen.

- Stellen Sie sich selbst in den Hintergrund, damit der Kunde im Mittelpunkt steht.

- Je mehr der Kunde im Mittelpunkt steht, desto schneller und mehr kauft er.

- Der Weg zum Erfolg führt über das Ego des Kunden. Erhöhen Sie es.

> Intensives Training kann aus dem Nullsummenprinzip eine Win-win-Situation machen. Dazu sind ein Umdenken und das Training von neuen Kommunikationsmustern notwenig.

Die Win-win-Situation im Emotion Selling

Wer alle diese emotionalen Hindernisse ausgeräumt und wegtrainiert hat, beherrscht eine exzellente Gesprächsführung. Kunden merken das sofort und reagieren spürbar positiv darauf.

Sobald das erreicht ist, gelingt die „Quadratur des Kreises" in der Kommunikation. Das Nullsummenprinzip ist aufgehoben. Das schlechte Gefühl des Verkäufers, sich selbst zurückzunehmen, weicht der neuen Erkenntnis, wie effektiv es ist, selbst wenig zu sagen und stattdessen Kundengespräche durch scheinbar weiche Fragen aktiv zu steuern. Jetzt entsteht eine Win-win-Situation. Sie ist das Geheimnis des Emotion Selling.

Professionelle Gesprächsführung gibt Verkäufern die Sicherheit und das gute Gefühl, selbst zu steuern und zu führen, viel Wichtiges von Kunden zu erfahren und Vertrauen aufzubauen. Kunden erfahren gleichzeitig durch die spezielle Fragerhetorik ein hohes Maß an Wertschätzung und Mastergefühl. In vielen Trainings erleben wir, dass selbst gut geschulte und erfolgreiche Verkäufer diese dialogzentrierte und kundenzentrierte Gesprächsführung als anspruchsvoll empfinden. Sobald sie – beispielsweise in den Gesprächstrainings – die Rolle von Kunden einnehmen, erleben sie allerdings auch, wie viel positiver diese Form der Kommunikation auf Kunden wirkt. Anschließend sind sie begeistert und geben Rückmeldung wie: „Verkaufen geht jetzt sehr viel leichter und besser."

Die Bilanz der Kunden:
Wie bewertet und entscheidet der Kunde?

Am Ende eines Gesprächs zieht der Kunde eine Bilanz: Kaufen oder nicht kaufen. Er stellt sich, unbewusst oder bewusst, Fragen wie:

- ▶ Hat sich der Kontakt für mich gelohnt oder nicht?
- ▶ Was hat mir der Kontakt gebracht?
- ▶ Was hatte ich davon?
- ▶ Habe ich ein gutes Gefühl?
- ▶ Wurde ich gefragt, einbezogen und wertgeschätzt?

Sobald ein Kunde diese oder ähnliche Fragen mit „Ja" bzw. „Viel" beantwortet, war die Kommunikation erfolgreich. Das ist die Kosten-Nutzen-Bewertung. Das Ziel für Verkäufer ist: Alles zu tun und so zu kommunizieren, dass Kunden diese Fragen mit „Ja" bzw. „Viel" beantworten.

Was genau fragt sich der Kunde intuitiv? Wonach bewertet er intuitiv? Wo und wie können wir Einfluss nehmen?

1. Das Assoziationskonto

Wie positiv waren die Assoziationen während des gesamten Gesprächs? Wurde eher über Lösungen und positiv assoziierte Themen gesprochen? Aus der Summe der positiven Assoziationen entsteht eine positive Bilanz im Emotionssystem. In welchem Maße wurde über Probleme, Ärgernisse, Sorgen und negative Themen gesprochen? Aus der Summe der negativen Assoziationen entsteht eine negative Emotionsbilanz. Folgen: Beziehungsebene: eher positiv oder negativ. Kaufentscheidung: kaufen oder nicht kaufen.

2. Das Nutzenkonto

Wie viele Vorteile und Nutzen wurden mir als Kunde vermittelt? Wie viele Nutzenargumente habe ich gehört und inwieweit ist es gelungen, mir den persönlichen Nutzen deutlich zu machen, der mir am wichtigsten ist? Emotionsbilanz des Kunden: positiv oder negativ. Folgen: Beziehungsebene: eher positiv oder negativ. Kaufentscheidung: kaufen oder nicht kaufen.

3. Das Konto für Ohnmachtsgefühl und Fremdbestimmung

Dieses Konto ist ein Schuldenkonto. Wie viel Ohnmachtsgefühl wurde mir vermittelt? Wie oft wurden negative Wörter wie „nicht", „müssen", „dürfen" und andere verwendet, die mit Ohnmacht assoziiert sind? Inwieweit hat der Gesprächspartner dominiert, viel Redezeit für sich beansprucht, mich in den Hintergrund gedrängt, mir Probleme aufgezeigt und deren Nachteile, mir dadurch ein ungutes Gefühl gemacht und Druck ausgelöst, Suggestionen benutzt, mir gesagt, was aus seiner Sicht für mich gut ist, mir Suggestivfragen gestellt, die mir den Freiraum für meine eigene Meinung beschneiden, mich ausgefragt, mich beim Abschluss unter Druck gesetzt und vieles andere mehr? Emotionsbilanz des Kunden: positiv oder negativ. Folgen: Beziehungsebene: eher positiv oder negativ. Kaufentscheidung: kaufen oder nicht kaufen.

4. Das Konto für Abwertung und Geringschätzung

Hierbei handelt es sich ebenso um ein Schuldenkonto. Wie oft wurde ich abgewertet? Wie oft hat der Gesprächspartner die Redezeit beansprucht und mich in den Hintergrund gesetzt? Wie oft hat der Gesprächspartner einfach erzählt, ohne vorher zu fragen, ob ich es hören will? Wie oft wurde durch Suggestionen wie: „Sie wollen doch sicher ..." meine Meinung einfach vorausgesetzt oder mir unterstellt, was ich denke oder meine, und ich dadurch bevormundet? Wie oft wurde mir eine Frage gestellt wie „Wie geht es Ihnen?" und die Antwort nicht abgewartet und mir dadurch vermittelt, dass kein Interesse an meiner Person besteht? Wie oft hat mein Gesprächspartner mich bei der Eröffnung des Gesprächs auf etwas Positives angesprochen, zum Beispiel das Bild meiner Kinder, und ich habe gemerkt, wie wenig authentisch das war, weil es nur kurz erwähnt wurde und er anschließend sofort seine Ziele in den Mittelpunkt gestellt hat? Jede Abwertung wird gebucht und als Schulden durch die Kommunikation bilanziert. Wie schon bekannt, werden negative Buchungen mit dem Faktor drei bewertet. Emotionsbilanz des Kunden: positiv oder negativ. Folgen: Beziehungsebene: eher positiv oder negativ. Kaufentscheidung: kaufen oder nicht kaufen.

5. Das Konto für Mastergefühl und Selbstbestimmung

Das Gefühl der Selbststeuerung ist das wichtigste positive Gefühl für Kunden. Dieses Konto ist ein Gewinnkonto. Hier geht es um eine positive Bilanz der Kommunikation. Wie viel Mastergefühl wurde mir vermittelt? Inwieweit konnte ich das Gespräch selbst lenken? Wurde ich nach meinen Zielen und Vorstellungen gefragt? Wurden meine Vorstellungen auch wirklich umgesetzt? Hat mein Gesprächspartner mir oft offene W-Fragen gestellt, die mir maximale Antwortfreiheit gelassen haben? Wurde ich zwischendurch immer wieder gefragt, was ich noch wissen möchte, was mir wichtig ist und was ich denke, und wurde mir dadurch signalisiert, dass ich das Gespräch steuern kann? Wurde mir geduldig zugehört? Ist mein Gesprächspartner authentisch und gibt mir dadurch das Gefühl, vertrauenswürdig und glaubwürdig zu sein? Emotionsbilanz des Kunden: positiv oder negativ. Folgen: Beziehungsebene: eher positiv oder negativ. Kaufentscheidung: kaufen oder nicht kaufen.

6. Das Konto für Wertgefühl

Wertgefühl, Respekt, Akzeptanz, Wertschätzung und Anerkennung zu bekommen, ist für Kunden enorm wichtig Das Gehirn zeichnet in jeder Sekunde jede Wertschätzung genau auf. Es beurteilt Gesprächspartner nach der Frage: Kümmert man sich sofort um mich, hat mein Gesprächspartner Zeit, fragt er mich, was mir wichtig ist, was ich möchte, und tut er das öfter im Gespräch? Stellt er offene W-Fragen, bei denen meine Meinung im Mittelpunkt steht? Gibt er mir seine Aufmerksamkeit zu 100 Prozent? Stellt er Fragen und wartet geduldig meine Antwort ab? Hört er professionell zu? Ist seine Redezeit im Gespräch begrenzt, in der Regel auf 50 Prozent und weniger? Sagt er mir authentisch und oft, was er an der Zusammenarbeit und mir schätzt? Fragt er mich nach meiner Meinung, Sichtweise und Einschätzung und bezieht mich grundsätzlich mit ein? Emotionsbilanz des Kunden: positiv oder negativ. Folgen: Beziehungsebene: eher positiv oder negativ. Kaufentscheidung: kaufen oder nicht kaufen.

Die Gesamtbilanz der Kommunikation und der Emotion

Aus den Milliarden assoziierter Informationen hat das Gehirn eine Gesamtbilanz erstellt. Die Bewertung des Gesprächs und des Gesprächspartners ist jetzt fertig. Hunderte von Wörtern, Formulierungen, Werten, Sprachstrategien und eine wirklich beeindruckend große Zahl von Eindrücken wurden gebucht. Diese Buchungen sind die Grundlage für die Kaufentscheidung des Kunden und die Frage, ob sich die Geschäftsbeziehungen lohnen.

Zusammenfassung: Die wahre Macht der Kommunikation und der Emotionen

Wie schon erwähnt, ist es ein Anliegen der Neurokommunikation und des Emotion Selling, Bewusstsein dafür zu schaffen, was wirklich abläuft, wenn wir mit anderen Menschen kommunizieren. Da die Wirkung und das, was wir bei uns selbst und anderen auslösen, extrem schnell und unspürbar passieren, ist Bewusstsein zu erwerben der erste Schritt auf dem Weg zu den vielen Vorteilen erfolgreicher Kommunikation. Der zweite Schritt besteht darin, Wissen über Kommunikation und ihre Abläufe aufzubauen.

Das unten gezeigte Kommunikationsmodell macht noch einmal deutlich, dass wir ...

▶ mit unserer Körpersprache, durch Mimik, Gestik und die Körperhaltung unsere Kunden und uns selbst in jeder Sekunde emotionalisieren,

▶ mit jedem einzelnen Wort, jeder Bemerkung, jeder Aussage in jeder Sekunde in uns selbst und anderen Emotionen auslösen.

Das Emotionssystem im Kopf eines jeden Menschen bestimmt den größten Teil unserer Handlungen, Reaktionen auf andere Menschen und unsere Kaufentscheidungen. Wer es kennt und seine Kommunikation danach ausrichtet, lebt und verkauft besser.

Abbildung 18 zeigt in einem Prozessschema, wie ein Kunde Sprache und Körpersprache wahrnimmt, wie diese durch Neuro-Google assoziiert werden und wie dann letztendlich die Emotionen entstehen, die den Kunden in seinem Kaufprozess maßgeblich beeinflussen.

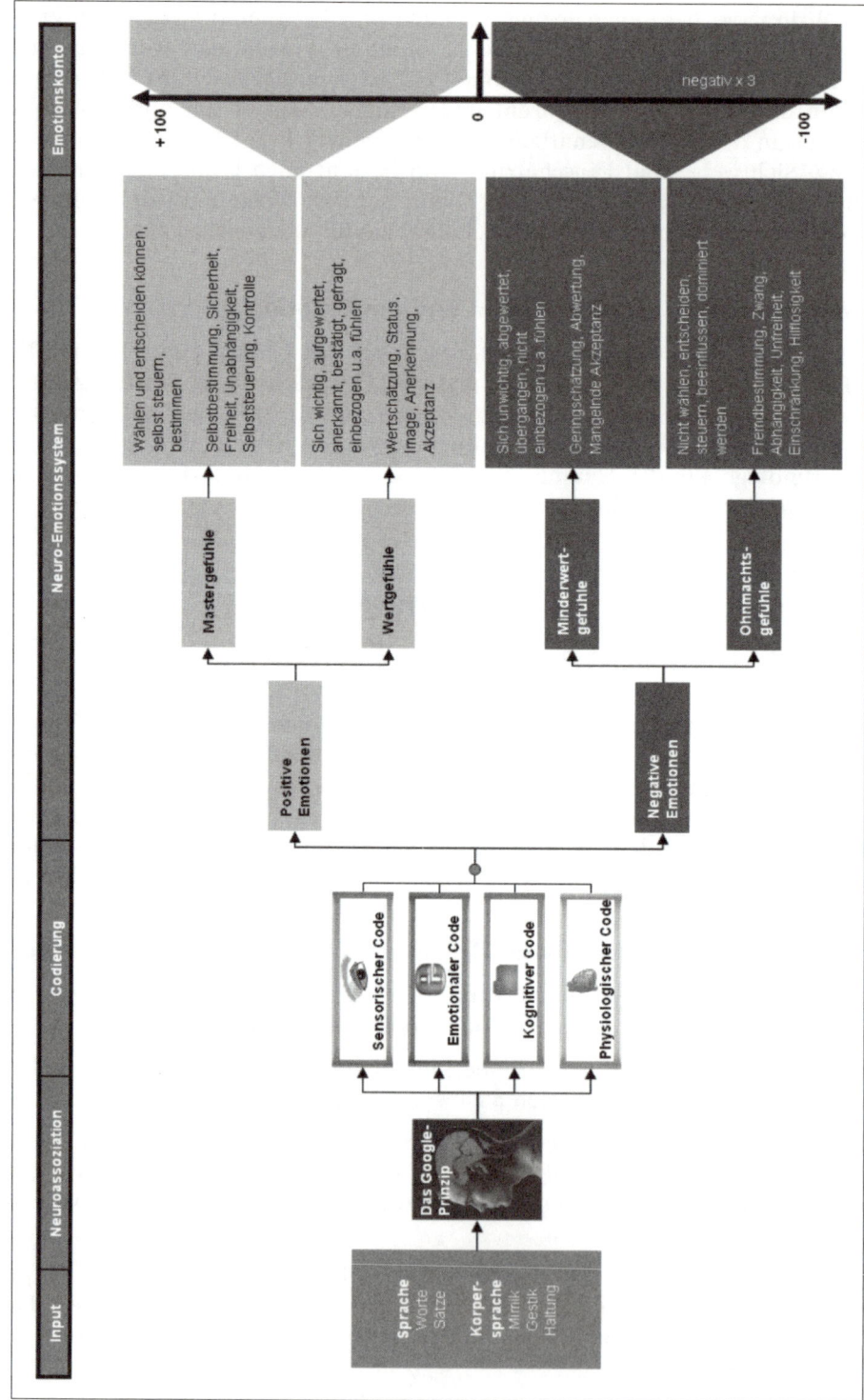

Abbildung 18: Das Prozessmodell der Neuro-Emotionstheorie – Wie Informationen im Gehirn zu Emotionen werden

Teil 3: Emotionen erkennen, analysieren und steuern

Emotion-Selling-Tipps:

Entscheiden Sie sich, ...

▶ alles über wertschätzende Kommunikation zu lernen.

▶ so lange zu lernen, bis Sie Könner sind.

▶ auf eigenes Wertgefühl zu verzichten, sich in den Hintergrund und Kunden in den Mittelpunkt zu stellen.

▶ eigenmotiviert etwas zu lernen, um sehr viel leichter und besser zu verkaufen.

Freuen Sie sich dann auf viele Erfolgserlebnisse, schöne Prämien, viel Spaß mit Kunden und für viele Jahre oder Jahrzehnte auf das Grundgefühl, zu den Erfolgreichen zu gehören.

Teil 4:

Kleine Gesten:
Die Wirkung von Körpersprache
im Verkauf besser verstehen
und steuern

Die Körpersprache ist ein ebenso komplexes System wie die verbale Sprache. In diesem Kapitel erfahren Sie, was wir nach den neuesten Erkenntnissen der Neurokommunikation über Körpersprache wissen, wie Körpersprache auf Kunden wirkt, inwiefern die Wirkung von Körpersprache messbar ist und wie Sie eine attraktive Körpersprache trainieren können.

Neue Erkenntnisse der Neurokommunikation und der Neurowissenschaft

In der Kommunikationswissenschaft geht man davon aus, dass die Körpersprache sich biologisch viel früher entwickelt hat als die gesprochene Sprache. Freundschaft, Feindschaft, Zuwendung, Abneigung, Sympathie, Antipathie und vieles andere war zuerst an der Mimik im Gesicht, der Gestik und natürlich an der Körperhaltung zu erkennen. Im Tierreich ist die Körpersprache meist heute noch das dominante Kommunikationssystem.

Ob die Körpersprache oder die gesprochene Sprache wichtiger ist, dafür gibt es wissenschaftlich keine gesicherten Belege und Studien. Lediglich die Bedeutung der Körpersprache in der Biologie wurde bisher als Argument verwendet, ihr zwischen 50 und 90 Prozent der Bedeutung zuzuweisen. Auch die Aussage, dass die gesprochene Sprache weniger als 10 Prozent der Kommunikation ausmacht, ist bis heute von niemandem zuverlässig gemessen worden. Richtig ist, dass sprachliche Kommunikation als Schallwellen weniger neuronale Kapazität beansprucht als die Bilder, die das Gehirn bei Körpersprache verarbeitet. Dass visuelle Information mehr Speicher beansprucht als auditive, sagt in keiner Weise etwas über die Bedeutung aus. Negativ formulierte Kritik oder eine Suggestion mag wenig Speicher benötigen, wirkt dennoch emotional intensiv und abwertend. Entscheidend ist, was eine Information auslöst, und weniger, wie viel Speicherplatz sie benötigt. Es wäre an der Zeit, die alten Modelle zu revidieren.

Für das Emotion-Selling-Modell spielt es selbstverständlich eine große Rolle, dass Kunden die Körpersprache ihrer Partner als positiv erleben. Emotion Seller sind positiv eingestellte, freundliche Menschen, denen man ansieht, dass sie ihren Beruf gern machen und Menschen mögen.

Aus der Sicht der Neurokommunikation und der Neurowissenschaft, die sich damit beschäftigen, wie Gehirne Körpersprache und Körpersignale verarbeiten, gibt es beeindruckende neue Erkenntnisse. Die wichtigsten möchten wir in einer kurzen Übersicht darstellen.

1. **Das Gehirn sieht alles – Die unglaubliche Datenmenge und die Sensibilität der Wahrnehmung**

   Wenn das Gehirn eines Kunden einen anderen Menschen sieht, benutzt es die Augen wie Videokameras, um von dem Kunden einen Film zu drehen. Dabei sieht das Gehirn Kleinigkeiten, von denen wir bewusst nicht einmal ahnen, dass wir sie sehen. Wir können das getrost so ausdrücken, dass wir deutlich weniger als ein Prozent der „gefilmten" Informationen bewusst wahrnehmen. Meist registrieren wir nur die gut sichtbaren Schlüsselreize wie ein Lächeln bewusst. Unbewusst sehen wir jede noch so kleine Veränderung im gesamten Körperbild, kleine Handbewegungen, ob sich Pupillen zusammenziehen, die Augen kleiner werden oder sie sich bei einem bestimmten Argument ganz kurz nach unten bewegen. Das Gehirn sieht alles.

Das Gehirn erkennt beispielsweise die Veränderung der Gesichtsmuskulatur, wenn der andere lächelt oder spricht, im Bereich von hundertstel Millimetern. Das lässt sich erforschen, wenn man Kunden Gesichter am PC zeigt und mit einer speziellen Software die Gesichtszüge verändert. Dabei werden beispielsweise die Mundwinkel minimal nach oben oder nach unten gezogen. Das bedeutet, dass ein Kunde jeden noch so kleinen negativen oder positiven Gedanken an der Mikromimik erkennt. Das Gehirn erkennt, ob ein Verkäufer beispielsweise über den Kunden denkt: „Er ist schwierig" oder „Er ist sympathisch".

2. Die Körpersprache – Die Folge von Emotion und Denken

Wie wir es im Nucleus-Modell dargestellt haben, ist die Körpersprache das Ergebnis neuronaler Prozesse. Erst kommt die Wahrnehmung, dann die Assoziation mit Neuro-Google, die Bewertung durch Emotionen und Denken und dann die Schaltung von verschiedenen Körperreaktionen. Diese Körperreaktionen sind die Stressreaktion und die Körpersprache. Der Fachbegriff ist Neurolinguistik – die Sprache der Neuronen. Die Körpersprache zeigt deshalb ganz deutlich, was wir denken, welche Einstellungen wir haben und wie wir uns fühlen. Da die Assoziations- und Denkprozesse sich hundertfach pro Sekunde verändern, verändern sich auch unser Körperausdruck und unsere Mimik blitzschnell.

3. Die Körpersprache wird automatisch und unbewusst gesteuert

Das Steuersystem für die Körpersprache sind Denken, Einstellungen und Emotionen. Sobald ein Verkäufer beispielsweise – bewusst oder, was viel häufiger ist, unbewusst – den Gedanken hat: „Ich freue mich auf das Gespräch", werden automatisch tausende von Muskeln durch das Nervensystem in tausendstel Sekunden in ihrem Tonus, ihrer Spannung verändert. Diese Anspannung oder Entspannung der Muskulatur erzeugt beispielsweise ein Lächeln. Beim Lächeln werden die Muskelgruppen um den Mund herum angespannt. Sie ziehen die Mundwinkel nach oben.

In vielen Trainings zum Thema Körpersprache mag es sehr interessant sein, die Körpersignale anderer Menschen bewusst zu lesen und zu deuten. Was bedeuten verschränkte Arme eines Kunden? Was bedeutet es, wenn er sich nach vorn setzt? Darüber etwas zu wissen, finden wir sehr interessant und wichtig, um einschätzen zu können, wie sich der Kunde gerade fühlt, und um darauf reagieren zu können.

Wovon wir unbedingt abraten, ist, die eigene Körpersprache bewusst nach dem Motto einzusetzen: „Ich öffne jetzt die Arme, das signalisiert Offenheit." Auch das im NLP (Neurolinguistisches Programmieren) verwendete Spiegeln (Pacing) der Körperhaltung von Gesprächspartnern ist keinesfalls zu empfehlen. Beim Spiegeln ahmt ein Gesprächspartner die Sitzhaltung und Körperhaltung des anderen nach. Sitzt der Kunde entspannt und offen, setzt sich auch der Verkäufer entspannt und offen hin. Die Grundidee des Spiegels ist gut. Stimmt die Körperhaltung beider Partner überein, sitzen beide beispielsweise offen, dann signalisiert das: „Wir sind beide gleich. Wir stimmen überein. Wir haben etwas gemeinsam. Wir sind uns sympathisch." Dieses Prinzip, eine möglichst gleiche

Körpersprache einzusetzen, nennt man Kongruenz, Übereinstimmung. Um jedoch wirklich echt und sympathisch zu wirken, fehlt etwas.

4. Seien Sie authentisch, ehrlich und echt

Wer die Körpersprache von Kunden aktiv spiegelt, sollte sich darüber klar sein, dass er wenig authentisch, echt und ehrlich wirkt. Das liegt daran, dass wir authentisch und echt wirken, wenn es zwischen unserem Denken, unserem Gefühl und unserer Körpersprache Kongruenz gibt. Unsere Körpersprache drückt automatisch aus, was wir denken und fühlen. Wählen wir eine andere Körpersprache, indem wir die Körpersprache des Kunden spiegeln, fehlt die Übereinstimmung zwischen unserem Denken, unserem Gefühl und unserer eigenen Körpersprache. Die Authentizität fehlt. Kunden merken das sofort und erleben das als negativ. Sie können das Gefühl haben, manipuliert zu werden.

Genau das, diese fehlende Übereinstimmung, erkennen die Gehirne von Kunden mit größter Präzision. In vielen Millionen Jahren der Entwicklung unseres Gehirns in der Evolution haben wir gelernt, die Absichten anderer an ihrer Körpersprache abzulesen. Es war eine Frage des Überlebens, die Absichten anderer beim „Beschnuppern" optimal zu erkennen. Ziel war es herauszufinden, ob der andere nach außen freundlich ist, um uns dann die Beute zu stehlen oder uns anzugreifen. Daher kommt auch die große Bedeutung des ersten Eindrucks. Er entschied oftmals über das Überleben. Noch heute wissen wir nach Sekunden, ob wir mit anderen Freund werden wollen, ob andere für uns attraktiv, sympathisch und interessant sind.

5. Authentisch ja – allerdings positiv authentisch

In der gesamten Diskussion um Authentizität ist ein Prinzip besonders wichtig. Kunden erwarten gut gelaunte, optimistische, höfliche und freundliche Verkäufer. Positive Authentizität ist das, was Kunden wollen. Die Gesichtszüge zeigen sehr genau, wie sich jemand fühlt und ob er positiv oder negativ denkt. Vereinfacht gesagt: Das Gesicht ist Ausdruck von Emotionen und Denken. Authentizität – „Ich bin, wie ich bin" – ist keinesfalls ein Alibi für Menschen, die einfach so bleiben wollen, wie sie sind, und die eine geringe Veränderungsbereitschaft haben. Entscheidend für den Erfolg ist, sich an die Erwartungen von Kunden anzupassen.

Authentizität ist lernbar. Genauso wie wir negative Wortwahl, Monologe, Suggestionen und andere Kommunikationsmuster gelernt und automatisiert haben und diese jetzt authentisch beherrschen, lassen sich positive Einstellungen, Motivation und damit positive Emotionen ebenso lernen. Sobald die neuen Einstellungen und die Fähigkeiten gelernt, trainiert und automatisiert sind, sind wir wiederum authentisch.

Die Entdeckung der wahren Wirkung von Körpersprache

Diese Messmethode macht zum ersten Mal zuverlässig deutlich, was bei der Körpersprache unbewusst wirklich passiert. Damit entdecken wir eine ganz neue Dimension der menschlichen Kommunikation. Wir wissen jetzt zuverlässig, dass bereits einzelne Gedanken oder Einstellungen sich direkt auf den Kunden auswirken. Das konnte man bis heute allenfalls vermuten. Ganz neu ist die Erkenntnis, mit welcher bisher unvorstellbaren Präzision das Gehirn arbeitet. Es kommt definitiv auf einzelne Gedanken an. Einzelne Gedanken wiederum summieren sich zu generellen Einstellungen.

Betrachten wir dazu ein Beispiel. Viele überdurchschnittlich erfolgreiche Verkäufer sagen, dass sie ihren Beruf lieben. Das ist eine wichtige Fähigkeit eines Emotion Sellers. Bewusst oder unbewusst nutzen diese Verkäufer hunderte von einzelnen positiven Gedanken oder bis zu 30 generalisierten, positiven Einstellungen zu ihrer Arbeit und zu Kunden. In der Fachsprache nennen wir das ein „mentales Set" oder ein „Setting". Sobald sie zu Kunden fahren oder mit ihnen sprechen, stellen sie sich entweder aktiv auf das Kundengespräch ein – wenn sie spezielle mentale Methoden gelernt haben – oder sie sind unbewusst bereits positiv eingestellt und rufen ein motivierendes mentales Set ab. Dadurch schaltet ihr Gehirn automatisch eine positiv wirkende Mimik und Gestik an. Sie besteht aus hunderten von Signalen gleichzeitig pro Sekunde. Das, was wir positive Ausstrahlung nennen, ist im Prinzip positiv wirkende Körpersprache, also eher ein positiver Ausdruck, ein Gesichtsausdruck oder ein Ausdruck der Körpersprache.

Kunden registrieren diese positiven Signale sofort, bewerten sie positiv und verändern dadurch automatisch ihren eigenen mentalen und emotionalen Zustand in die positive Richtung. Deshalb sind motivierte und positiv eingestellte Verkäufer für sie wesentlich attraktiver und ihnen deutlich sympathischer. In Sekundenbruchteilen entsteht eine positivere, emotionale Ebene.

Jetzt könnte man die Frage stellen: Ist das wirklich neu? Wussten wir das nicht schon immer? Haben nicht schon die alten Chinesen den Spruch geprägt: „Nur wer lächelt, sollte ein Geschäft machen"? Lassen Sie uns ganz kurz die Realität beleuchten. Wie viele Verkäufer sehen ihren Beruf wirklich als Passion? Wie viele von ihnen sind top positiv eingestellt? Wer stellt sich vor jedem einzelnen Gespräch mit Kunden aktiv positiv ein? Wer hat es überhaupt gelernt, sich mental aktiv zu motivieren? Wer verzichtet darauf, sich nach Kundengesprächen, die weniger gut gelaufen sind, in Gedanken lange damit zu beschäftigen oder anderen davon zu erzählen? Wer hat gelernt, negative Eindrücke und Erlebnisse in Kundengesprächen im Kopf in kürzester Zeit abzuhaken und sich selbst wieder aufzubauen?

Wie bewusst ist es uns, dass wir, wenn wir nach einem Kundengespräch über die negativen Aspekte nachdenken oder möglicherweise etwas frustriert sind, unser Gehirn gerade mit negativen Informationen füttern? Wie bewusst ist uns, dass, je länger wir über negative Eindrücke im Kundengespräch nachdenken oder anderen

Menschen von unangenehmen Erlebnissen mit Kunden erzählen, wir den Kunden gerade negativ abspeichern und das Gehirn beim nächsten Kundengespräch mit dem gleichen Kunden folgendermaßen reagiert: „Auge an Großhirn! Wir sehen unseren Kunden. Gib das Bild des Kunden in den Suchlauf ein, aktiviere Neuro-Google. Welche Informationen haben wir über den Kunden gespeichert?" Antwort von Google: „Wir betrachten ihn eher als schwierig." Befehl des Gehirns an das Emotionssystem: „Wir sehen gerade einen schwierigen Kunden, aktiviere sofort ein unangenehmes Gefühl. Aktiviere sofort das zentrale Nervensystem und schalte über die Nervenleitungen die Mimik, die wir haben, wenn wir mit schwierigen Menschen zusammen sind." Antwort des Stammhirns: „Ich senke die Mundwinkel minimal ab. In dieses Gespräch gehen wir etwas ernster."

Wortmeldung des Bewusstseins (das sonst im Kopf wenig zu sagen hat): „Kunden erwarten positiv eingestellte Verkäufer, also lächle." Antwort des Unterbewusstseins: „Danach ist uns bei schwierigen Kunden nicht zu Mute." Rückantwort des Bewusstseins: „Das ist uns egal, Lächeln ist wichtig." Antwort des Unterbewusstseins: „Okay, wenn es unbedingt sein muss." Das Nervensystem bekommt jetzt den Befehl, die Mundwinkel wieder etwas hochzuziehen. In diesem Moment ist die Körpersprache wenig authentisch. Das mentale Programm „Schwieriger Kunde" möchte eine andere Körpersprache als das Programm „Kunden erwarten Lächeln". Das Ergebnis ist ein ganz leicht gequältes Lächeln. Das Gehirn des Kunden registriert sofort, dass etwas nicht stimmt. Es löst eine negative Emotion aus. Dann speichert es den Verkäufer als nicht ganz authentisch. Schade.

Die Körpersprache ist das Ergebnis von Millionen gespeicherter Informationen, hunderten von Gedanken und zig Grundeinstellungen, die im Kopf gleichzeitig aktiv sind, motivieren und das Gefühl erzeugen. Die mentale Kompetenz erzeugt die Körpersprache.

Emotion-Selling-Tipp:

Werden Sie als Emotion Seller in erster Linie Profi im Kopf. Die dazugehörigen Methoden sind im Leistungssport schon bekannt und im Einsatz. Im Umgang mit Kunden gibt es hier noch großes Potenzial, große Chancen und die Möglichkeit, auf einfache Weise den Erfolg mit Kunden zu steigern. Die wenigsten Unternehmen und Trainer nutzen in diesem Bereich der mentalen Fähigkeiten systematisch Methoden und Instrumente. Wir glauben, dass sich das in Zukunft stark verändern wird. Wer erfolgreich und exzellent kommunizieren will, benötigt Mentalität, Motivation und Kommunikation. Alle drei Faktoren machen gemeinsam den Erfolg. Für alle drei Faktoren benötigen wir logischerweise auch Trainingsmethoden.

Ein Test für Ausstrahlung und Authentizität

Wissenschaft lebt davon, Sachverhalte und Behauptungen zu beweisen. Aus der Medizin, speziell der Stressmedizin und der Kinesiologie, gibt es ein Messverfahren, mit dem es möglich ist, zuverlässig zu zeigen, wie negative Gedanken über Kunden („Er ist schwierig") und positive Gedanken („Er ist interessant") in hundertstel Sekunden über die Körpersprache auf Kunden wirken und sie beeinflussen. Die Kausalkette bei der Messung funktioniert folgendermaßen:

1. Ein Verkäufer denkt beispielsweise über einen Kunden: „Er ist schwierig."

2. Dieser Gedanke an das Wort „schwierig" löst beim Verkäufer negative Assoziationen (Google) aus.

3. Das Gehirn aktiviert dann über das zentrale Nervensystem (ZNS) in tausendstel Sekunden eine Veränderung der Muskelspannung im gesamten Körper. Der so genannte Tonus verändert sich. Dadurch verändert sich die Mimik, verändern sich die Gesichtszüge des Verkäufers minimal und unspürbar, meist sind es hundertstel Millimeter.

Wir haben viele hundert Teilnehmer dieses Tests gefragt, ob sie bei sich selbst dann eine Veränderung spüren würden, wenn sie an das Wort „schwierig" oder alternativ an das Wort „interessant" denken würden. Sie selbst waren ganz fest davon überzeugt, dass allein der Gedanke an das Wort „schwierig" oder „interessant" keine Veränderung ihrer Gesichtszüge bewirken würde. Das Gleiche galt für Kunden. Die Testpersonen, die Kunden, erhielten vor dem Test keine Information darüber, um was es in dem Test ging. Sie sahen einfach nur einen Verkäufer vor sich stehen, an dem sich scheinbar nichts veränderte. Wir befragten auch die Kunden, ob sie, während sie dem Verkäufer ins Gesicht sahen, eine Veränderung wahrnahmen. Zu mehr als 98 Prozent sagten sie, sie sähen keine Veränderung.

Abbildung 19: Der Versuchsaufbau für den Test der Körpersprache im Kundengespräch

4. Dem Verkäufer, der an das Wort „schwierig" denkt, steht ein Kunde gegenüber. Der Kunde schaut dem Verkäufer ins Gesicht. Was geschieht dabei im Kopf des Kunden? Der Kunde fotografiert das Gesicht des Verkäufers mit seinen Augen, macht ein scharfes Bild mit vielen Millionen Pixeln. Bildlich gesprochen gibt

sein Gehirn dann die Gesichtszüge des Verkäufers in die neuronale Suchmaschine Google ein, führt eine Gesichtserkennung durch, merkt unbewusst, dass sich der Gesichtsausdruck des Verkäufers beim Gedanken an das Wort „schwierig" verändert hat. Möglicherweise sind die Mundwinkel minimal und im Prinzip unsichtbar nach unten gegangen. Damit verknüpft das Gehirn des Kunden einen geringeren Sympathiefaktor oder einen minimal negativeren Zustand des Verkäufers. Der Zustand hat sich durch diesen einen Gedanken geändert.

Das zentrale Nervensystem des Kunden reagiert darauf sofort und verändert die Muskelspannung und den Tonus in der Muskulatur. Damit wird auch die Körperkraft der Muskulatur direkt reduziert. Das ist Teil der physiologischen Stressreaktion im Körper. (Für die wissenschaftlich interessierten Leser sei gesagt: Es handelt sich um eine katatonische Reaktion, Phase eins der sensomotorischen Reaktionen im vegetativen Dreitakt.) Bei positiven Gedanken löst das Gehirn eine messbare Stärkung der Muskelkraft aus.

Wir verfügen über ein valides Messverfahren und ein speziell entwickeltes Messgerät, mit dem wir die Muskelkraft und ihre Veränderung exakt messen können. Für die Auswertung gibt es eine spezielle Software.

Versuchsaufbau

Der Test läuft folgendermaßen ab: Der Kunde, in diesem Fall der Testteilnehmer, steht am Messgerät. Gemessen wird die Stärke der Armmuskulatur, der Lateralflexion. Der Verkäufer steht zwei Meter vom Kunden entfernt und schaut ihm ins Gesicht. Der Verkäufer denkt mehrfach, etwa drei Sekunden lang auf ein kurzes Signal hin: „Er/Sie ist schwierig." Eine Sekunde später zieht der Kunde/die Kundin

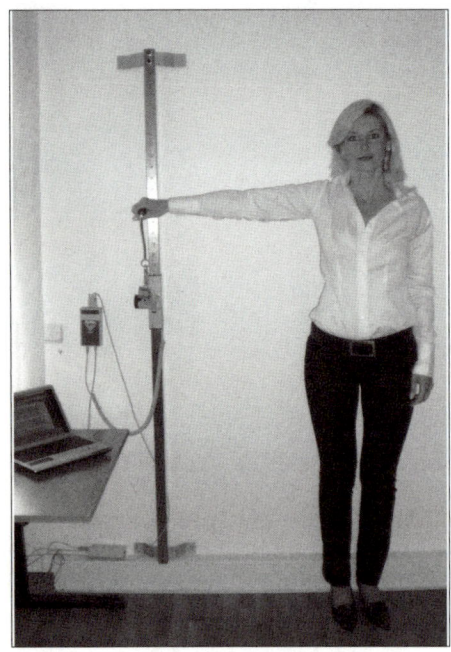

Abbildung 20: Der Versuchsaufbau für den Test zur Wirkung von Körpersprache auf den Muskeltonus eines Kunden: PC mit Software, das Messgerät zur Erfassung der Muskelkraft und die Versuchsperson

den Arm mit maximaler Kraft nach oben. Das Messgerät zeichnet die Zugkraft genau auf. Danach lockert der Kunde/die Kundin den Arm. Anschließend folgt Test zwei. Der Verkäufer denkt jetzt etwa drei Sekunden lang: „Interessant." Der Kunde/die Kundin zieht wieder den Arm nach oben. Der Test wird mindestens zehnmal, maximal fünfzigmal wiederholt. Naturgemäß lässt die absolute Armkraft später nach. Das Verhältnis zwischen positivem und negativem Denkmuster bleibt allerdings relativ gleich.

Die Auswertung

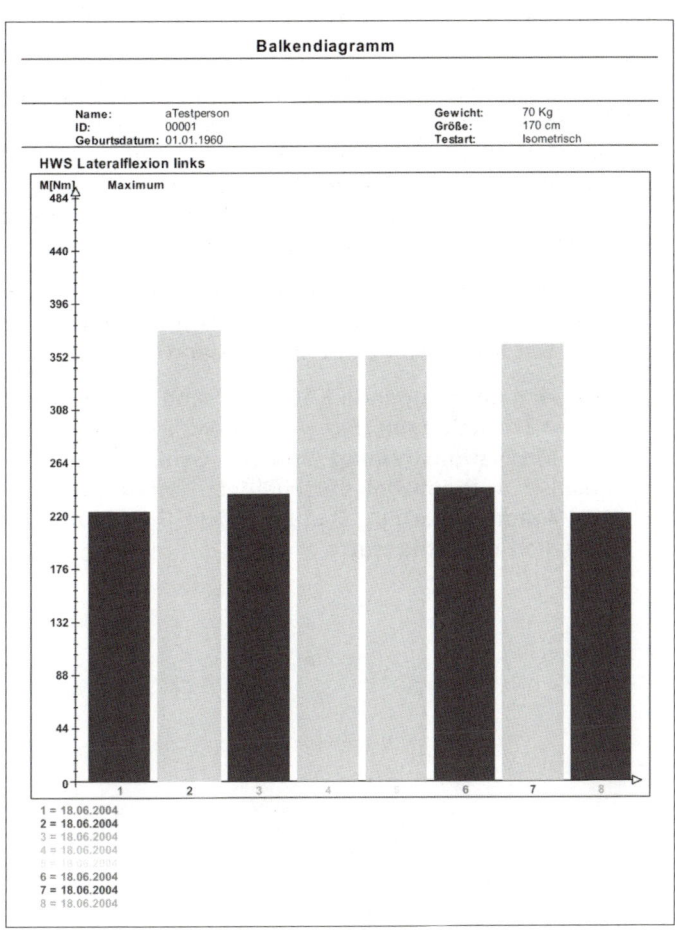

Abbildung 21:
Die Kraftentwicklung bei Kunden in Abhängigkeit von Denkmustern und Körpersprache eines „Verkäufers"

Die dunkleren Balken zeigen die deutlich geringere Kraft beim Kunden, wenn der Verkäufer das Denkmuster „schwierig" verwendete. Die helleren Balken zeigen, dass das Denkmuster „interessant" beim Kunden eine höhere Kraftentwicklung auslöst. Das ist ausnahmslos bei allen Kunden der Fall. Diese Schwächung der Muskulatur durch die negativen Denkmuster („schwierig") ist Teil einer komplexen Stressreaktion im Körper, einer katatonischen Reaktion.

Unabhängig von Alter und Geschlecht ergaben sich bei mehr als 250 getesteten Personen eine durchschnittliche „Stärkung" des Kunden durch ein positives Denkmuster um etwa 21 Prozent der Maximalkraft.

Interpretation: Die Messung belegt, dass bereits eine minimale Veränderung der Körpersprache, in diesem Fall ausgelöst durch einen einzigen Gedanken, sowohl vom Verkäufer wie vom Kunden als nicht wahrnehmbar, spürbar und beobachtbar beschrieben, eine signifikante Veränderung im Muskeltonus beim Kunden auslöst. Was wir über Kunden denken, registriert der Kunde und reagiert darauf. Diese Messung korreliert mit den Messwerten bei den Hautwiderstandsmessungen, die schon an anderer Stelle im Buch geschildert wurden.

Kunden sehen und registrieren mit ihrem Kopf viel mehr, als wir jemals glaubten. Sie registrieren durch ihr unbewusstes Wahrnehmungssystem Veränderungen des Gesichtsausdrucks im Bereich von hundertstel Millimetern. Was wir bewusst wahrnehmen und erleben, bildet einen ganz geringen Ausschnitt der Realität im Kundengespräch ab. Es ist deshalb besser, wir verlassen uns auf das, was wir aus den neuen Erkenntnissen der Neurowissenschaften wissen.

Die direkte Wirkung von Körpersprache auf Kunden ist mit neuen Methoden messbar. Körpersprache wird im Kopf ausgelöst, durch Denken und Einstellungen. Die Körpersprache entsteht dann automatisch.

Wer eine überzeugende Körpersprache haben möchte, benötigt das Training positiver Einstellungen und eine starke, intrinsische Motivation. Mentales Training und Motivationstraining sind der Schlüssel zu einer positiven Körpersprache. Positive Authentizität entscheidet. Authentizität ist das Ergebnis von Training und Automatisierung. Das bewusste Spiegeln der Körpersprache wirkt schnell künstlich und aufgesetzt.

Teil 5:

Wann sind Verkaufsgespräche wirklich gut? Die neue Kommunikation mit Emotion Selling

Der fünfte Teil führt uns in das Herz der Verkaufskommunikation. Wann ist ein Verkaufsgespräch wirklich erfolgreich? Auf Basis der Neurokommunikation erhalten Sie in den folgenden Kapiteln konkrete Empfehlungen, wie Sie Gespräche kundenzentrierter gestalten und zu einer höheren Performance gelangen.

Gleich drei neue Messinstrumente, die die Qualität von ganzen Verkaufsgesprächen und einzelnen Argumenten widerspiegeln, und einige neue Methoden machen es Verkäufern wesentlich leichter, mehr zu verkaufen. Dazu gehört eine neue Qualität in der Nutzenargumentation ebenso wie das gekonnte Argumentieren von höheren Preisen.

Außerdem erfahren Sie, wie Sie die sechs Phasen eines Verkaufsgesprächs – von der Eröffnung bis zum Abschluss – gezielt verbessern können, und Sie erhalten Tipps für schwierige Gespräche.

Bessere Kundenzentrierung, höhere Performance – den Verkaufsstil analysieren und optimieren

In den Bereichen Kommunikation, Beziehung und Persönlichkeit sind die meisten Mitarbeiter im Verkauf Autodidakten und Amateure. Viele sind talentiert, mögen Menschen und engagieren sich. Die Frage ist: Reicht das in einem Umfeld, in dem Wettbewerb herrscht?

Wir vergleichen Kommunikation mit Kunden mit dem Sport oder dem Leistungssport. Jedes Spiel ist anders. Jeder Gegner ist anders. Sei es im Fußball, im Basketball, beim Skifahren, Tennis oder Golf. Wer eine solche Sportart betreibt, lernt, dass das Könnensniveau viel weniger von Talent und Intuition als von Technik abhängt. Wer lernt, wird über lange Zeit immer wieder die gleichen Abläufe trainieren. Das Können und der Erfolg hängen zu mehr als 90 Prozent vom Training einzelner Techniken und Standards ab. Erst am Ende eines langen Trainings und der Automatisierung durch hundertfache Wiederholung steht die Intuition. Könner sind deshalb Könner, weil sie die richtige Technik über viele Jahre perfektioniert haben. Wir sehen das beim Verkaufen genauso wie im Sport.

Wenn wir mit Topverkäufern und Champions arbeiten, erleben wir, dass sie scheinbar spielerisch verkaufen. Wenn wir ihren Erfolg analysieren, sind den Wenigsten die Erfolgsstrategien bewusst. Analysen ihrer Gespräche und ihrer Art zu kommunizieren wiederum zeigen, dass sie bestimmte Methoden und Standards benutzen, die ihren Erfolg ganz einfach erklären. Um einige dieser Standards geht es in diesem Kapitel.

Da die Existenz vieler Menschen und Unternehmen von der kommunikativen Kompetenz abhängt, haben wir den SAI – Selling Attractiveness Index entwickelt. Der SAI misst und beschreibt die Qualität und Attraktivität der Kommunikation in Verkaufsgesprächen, Beratungsgesprächen und bei Verhandlungen. Er ist gleichzeitig eine Verkaufsstilanalyse. Ein Verkaufsstil definiert die Art, wie jemand verkauft. Er beschreibt und analysiert prägnante und typische Verhaltensweisen. Diese Verhaltensweisen machen in der Summe den Stil aus. Ziel des SAI ist es, den Kommunikations- und Verkaufsstil von Verkäufern, Beratern und Verhandlungsführern präzise analysieren zu können, eine wesentlich höhere Kundenzentrierung zu erreichen und die Performance zu steigern.

Die sechs Bausteine des SAI wurden konsequent von den neuen Erkenntnissen und Prinzipien der Neurokommunikation abgeleitet. Es geht um typische und für den Verkaufserfolg wichtige Kommunikationsmuster. Weiterhin baut er auf der Neuro-Emotionstheorie auf. Das bedeutet, dass alle Bausteine des SAI auf die „Könige" abgestimmt sind. Daraus ergeben sich neue logische, emotionale und kommunikative Standards.

Grundsätzlich gilt natürlich, dass Verkaufsgespräche situativ und individuell ablaufen. Jedes Kundengespräch ist anders. Dieser Aussage stimmen wir zu. Einerseits zeigt diese Überlegung, wie anspruchsvoll Kommunikation und Verkaufen wirklich sind. Jeder Kunde hat ein Gehirn, dessen Einzigartigkeit wir in den Neurowissenschaften gerade entdecken. Die Kaufmotive, Erwartungen und Vorstellungen sind äußerst unterschiedlich. Und wie schon seit Jahrzehnten aus der Psychologie bekannt, handelt es sich um Motivbündel, um das komplexe Zusammenspiel verschiedener Wünsche, Vorstellungen und Erwartungen bei Kunden, an deren Ende eine Kaufentscheidung steht. Aus unserer Sicht ist Verkaufen eine Kunst. Wir haben viel Respekt vor den Anforderungen an gutes Verkaufen.

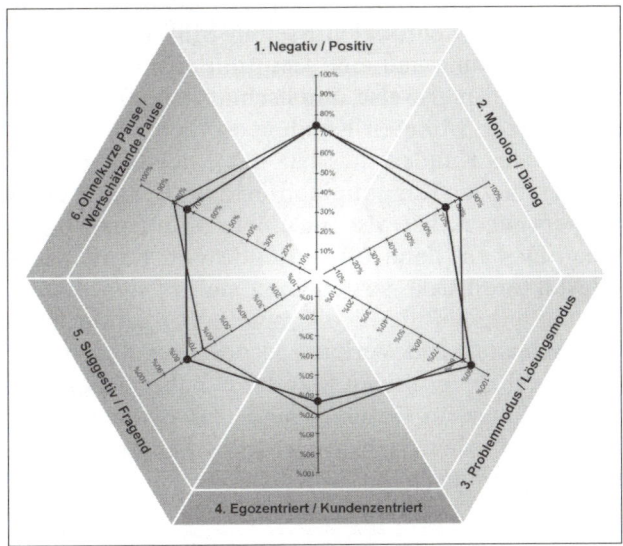

• *Selbsteinschätzung*
x *Fremdeinschätzung*

Abbildung 22: SAI – Selling Attractiveness Index

© *Copyright, 2003, Bittner*

Andererseits dient diese Komplexität der Kommunikation oft als Argument und Erklärung dafür, dass es in der Regel keine logischen Strategien für Verkaufserfolg gäbe. Auf die Intuition komme es an und: „Ich verlasse mich auf mein Gefühl." Natürlich wird immer ein Teil der Kommunikation intuitiv, schnell und automatisiert ablaufen. Doch dabei wird leicht übersehen, dass hinter guter Kommunikation mit Kunden eine ganz klare Logik, Strategien und Methoden stehen. Wer sie nutzt und trainiert, wird erfolgreich. Wer an Intuition glaubt, wird wenig trainieren und auf seinem intuitiven Niveau stehen bleiben.

Anwendungsbereiche des SAI-Profils

▶ Verkaufsgespräche können analysiert und ihre Qualität gemessen werden.

▶ Führungskräfte können systematisch anhand präziser Parameter einschätzen, wie hoch die Qualität der Verkaufsgespräche ihrer Mitarbeiter ist (Verkaufsstilanalyse).

▶ Der SAI ermöglicht eine präzise Bedarfsermittlung für Training, Coaching und Weiterentwicklung der kommunikativen Kompetenz.

▶ Der SAI wird von Unternehmen und ihren Trainingsabteilungen als Curriculum für Kommunikationstrainings auf allen Ebenen genutzt.

Die sechs positiven und negativen Kommunikationsmuster in der Übersicht

Das Ziel ist, die negativen **Kommunikationsmuster** der linken Seite zu reduzieren oder zu ersetzen, weil sie auf Kunden **demotivierend und abwertend** wirken. Gleichzeitig sollen die Methoden der rechten Seite gelernt und oft wie möglich eingesetzt werden. Dazu möchten wir noch einmal einige Zahlen bewusst machen. Ein Kunde hört pro Minute Gespräch etwa 100 Wörter des Verkäufers. Jedes einzelne Wort löst im neuronalen System Millionen Assoziationen und immer eine emotionale Bewertung und eine Emotion aus. In einem normalen Verkaufsgespräch hören Kunden beispielsweise durchschnittlich 10 bis 20 negative Wörter und Formulierungen. In zehn Minuten Kundengespräch sind das 100 bis 200. Jedes Mal reagiert der Körper des Kunden messbar mit einer negativen Reaktion. Die Veränderung eines Musters in der Kommunikation, zum Beispiel der Verzicht auf negative Wörter und Bemerkungen, hat also in einem Kundengespräch hundertfach eine positive Wirkung. Das gilt dann für tausende von Kundengesprächen. Wenn jemand diese Erfolgsfaktoren liest, so scheinen sie auf den ersten Blick absolut selbstverständlich. Man könnte auf die Idee kommen, das sei doch schon alles bekannt. Unsere Analysen vieler tausend Verkaufsgespräche mit dem SAI zeigen, dass nur die wenigsten Verkäufer die positiven Standards beherrschen. Das gilt auch für erfahrene Verkäufer, die lange im Geschäft sind und oft auch viele Schulungen erhalten haben. Im Folgenden erläutern wir die sechs Dimensionen durch Hintergründe, geben Tipps und Empfehlungen.

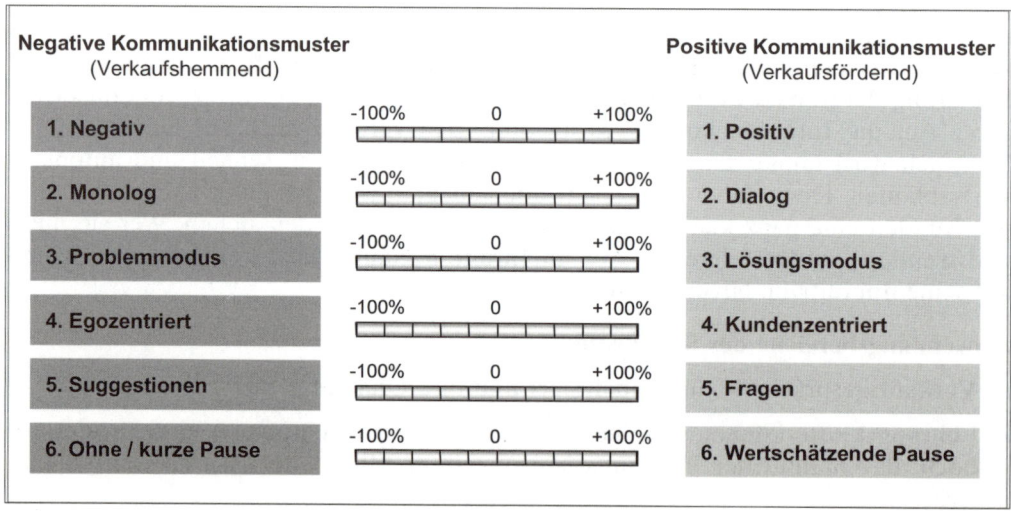

Abbildung 23: Die sechs Dimensionen des SAI in der Übersicht

Dimension 1: Negative vs. konstruktive, motivierende und positive Kommunikation

Ziel ist der grundsätzliche Verzicht auf negative Wortwahl, negative Themen, negative Aussagen, Bemerkungen und Wertungen aller Art, auf Schilderungen von unangenehmen Erlebnissen und Erfahrungen, und allem, was bei Kunden negative Emotionen assoziiert.

Konstruktive Kommunikation ist die Lösungskommunikation. Es bedeutet Probleme, Dinge, die zu klären sind, unterschiedliche Sichtweisen oder auch Kritik grundsätzlich als Ziel, Lösungsvorschlag, Verbesserungsvorschlag oder Maßnahme zu kommunizieren. Damit ist die Lösungskommunikation das eigentliche Gegenteil der negativen Kommunikation. Alles, was wir negativ kommunizieren können, können wir auch als Lösung kommunizieren. Das setzt allerdings bestimmte Einstellungen und eine besondere Fähigkeit voraus.

Die Einstellungen beziehen sich auf Kunden. Es gilt:

▶ Jedes Gespräch über ein Problem – sogar das Wort „Problem" allein – erzeugt unbewusst negative Emotionen beim Kunden.

▶ Jedes Gespräch über eine Lösung assoziiert positive Emotionen. Es motiviert Kunden.

▶ Nach jedem Problemgespräch ist der Verkäufer beim Kunden negativ gespeichert.

Kunden wollen Probleme als Lösungen, Vorschläge und Verbesserungsvorschläge hören. Wenn Kunden ein Problem haben und mit Verkäufern über die Lösungen sprechen, verwandelt sich ein negatives Gefühl bei dem Problem in ihnen in ein positiv assoziiertes Gefühl bei der Lösung. Das schätzen Kunden sehr.

Viele Menschen halten sich für lösungsorientiert und für Löser. Die meisten sind weit davon entfernt. Wer im Fernsehen politische Talkrunden beobachtet und mit einer einfachen Strichliste verfolgt, wie oft Probleme genannt werden und wie oft Lösungen, wird im Durchschnitt zwischen 80 und 90 Prozent Problemnennungen hören. Dennoch werden die meisten Teilnehmer der Runde felsenfest davon überzeugt sein, dass das Wichtigste am Problem die Lösung ist. Wieder einmal klafft zwischen Anspruch und Wirklichkeit eine große Lücke. Gleiches gilt übrigens auch für Besprechungen und Meetings. Auch dort dominieren Problemschilderungen. Noch immer gilt die Einstellung, bei der Problemanalyse müsse man lange das Problem beschreiben und darüber diskutieren. Wir sind genau entgegengesetzter Meinung.

Das Emotion-Selling-Modell stellt die Frage nach der exzellenten Kommunikation. Wann ist Kommunikation produktiv, schnell und effektiv? Jetzt kommen wir zu der Fähigkeit, die Voraussetzung für Lösungskommunikation ist. Es ist die mentale Fähigkeit, Probleme und negative Sachverhalte realistisch wahrzunehmen, sie nicht zu äußern, stattdessen blitzschnell im Kopf in Lösungen, Vorschläge und Ziele umzudenken, im Kopf die passende Formulierung zu finden und anschließend die Lösungen auszusprechen. Dieser Mechanismus, diese mentale Fähigkeit ist die Voraussetzung für Lösungskommunikation. Wir nennen diese „Denkschleife" den Loop. Wer den Loop beherrscht, kommuniziert auf hohem Niveau.

Natürlich ist es wesentlich einfacher, die Probleme zu benennen. Sie umzudenken und die Problemanalyse im Kopf durchzuführen, bedarf des Trainings. Dann allerdings wird die Kommunikation in Teams, werden Kundengespräche und Verkaufsgespräche aller Art wesentlich zielorientierter, kürzer und motivierender mit messbar besseren Ergebnissen. Besonders wichtig erscheint uns, dass Kunden sich bei dieser Art von effektiver Gesprächsführung bewusst oder unbewusst ausgesprochen wohl fühlen. Das zeigen Befragungen.

 Emotion-Selling-Tipp:

Reduzieren Sie die Zeit für Problemkommunikation um 90 Prozent und vergrößern Sie die für Lösungen um 90 Prozent. Stellen Sie alle Kundengespräche grundsätzlich auf Lösungsgespräche um.

Dimension 2: Monologe vs. Dialoge

Monologe

Warum sind Monologe, bei denen wir selbst im Mittelpunkt stehen, die am meisten genutzte Kommunikationsform? Wollen wir vielleicht andere gar nicht in den Mittelpunkt stellen? Warum zeigen Kommunikationsanalysen, dass bei mehr als 80 Prozent aller Verkaufsgespräche, Kunden- und Beratungsgespräche sowie Präsentationen Monologe dominieren? Was denken Sie: Wie viele Informationen kann ein Kunde über wie viele Sekunden aufnehmen? Was glauben Sie, bleibt beim Kunden hängen? Was wissen Kunden noch, nachdem sie eine Minute, fünf Minuten oder länger zugehört haben?

Für die Beurteilung der Effektivität von Monologen und Dialogen ist die Lernpsychologie zuständig. Wie viele Informationen kann ein Kunde behalten? Wie präsentieren wir Informationen? Wie sinnvoll ist ein Monolog?

Eine Antwort auf diese Fragen kommt aus dem Gesetz der diskriminativen Reizstruktur. Es besagt: Das Gehirn lernt und merkt sich stärkere Reize. Erst wenn ein bestimmter Aktivierungsgrad, (vergleichbar mit der Stromstärke), der Nervenzellen erreicht ist, werden Nervenzellen aktiv, lernen und speichern. Je höher die Aktivität im Gehirn des Kunden ist, zum Beispiel, wenn er durch einen Dialog aktiv am Gespräch beteiligt wird, desto höher ist die Aktivität der Nervenzellen. Das bedeutet eine bessere Gedächtnisleistung, der Kunde behält mehr von den präsentierten Informationen und Argumenten. Das ist unser Ziel. Wenn Verkäufer selbst viel erzählen, Kunden berieseln und „zutexten", heißt das für Kunden: viel hören und schnell vergessen.

Wenn wir Kommunikationsanalysen in Verkaufsgesprächen, Präsentationen oder Werbespots durchführen, bitten wir Kunden, eine oder mehrere Minuten zuzuhören bzw. zuzusehen. Anschließend werden sie gebeten wiederzugeben, woran sie sich noch erinnern. Diese Erinnerungstests werden auch Stunden oder Tage später durchgeführt. Dabei zeigt sich signifikant, dass von den Argumentationen und Präsentationen, die der Kunde passiv als Zuhörer und Empfänger erlebt, bereits nach mehr als zehn Stunden im Durchschnitt weniger als 10 Prozent hängenbleiben. Dieser Mechanismus begründet sich neurowissenschaftlich mit der geringen Aktivität von Nervenzellen, wenn Kunden „berieselt" werden. Wird das Gehirn der Kunden aktiver, weil Kunden zwischendurch nach ihrer Meinung gefragt, sie in einen Dialog einbezogen werden und sie selbst aktiv mitdenken und diskutieren, steigt die Rate der behaltenen Informationen auf über 20 Prozent.

Monologe sind nach den Erkenntnissen der Lernpsychologie und der Neurokommunikation eine wenig effektive Kommunikations- und Lernform. Sie sind im Kundengespräch und bei Präsentationen wie Frontalunterricht in der Schule – sehr uneffektiv.

Emotion-Selling-Tipp:

Bei Monologen sind Kunden passiv. Sie konsumieren die Information. Beziehen Sie Kunden stattdessen möglichst aktiv in alle Formen der Kommunikation mit ein. Nutzen Sie dazu kundenzentrierte Fragen. Sie sind die beste Methode, aktive Denk- und Lernprozesse bei Kunden auszulösen.

Lieber habe ich ein gutes Gefühl als der Kunde

Warum ist das so? Warum verzichten wir auf so viel Umsatz? Die Antwort liegt auf verschiedenen Ebenen: Monologe sind für Sprecher und Verkäufer emotional attraktiv. Wer selbst viel argumentiert und informiert, hat ein höheres Master- und Wertgefühl. Wer selbst spricht, hat das Gefühl, das Gespräch zu steuern, zu bestimmen und zu führen. Gleichzeitig bedeutet Redezeit Wichtigkeit. Wissen zu zeigen, gute Argumente zu haben, kompetent zu sein ist naturgemäß aufwertend. Menschen suchen genau dieses Gefühl.

Erstaunlicherweise übersehen wir bei diesem egozentrierten Vorgehen, dass das gute Gefühl des Sprechers mit viel Redezeit in der Regel das schlechte Gefühl des Kunden mit wenig Redezeit erzeugt. Während der Sprecher das Mastergefühl hat, erlebt der Zuhörer logischerweise das Gegenteil: Fremdbestimmung und den Eindruck, dominiert werden, ein Ohnmachtsgefühl. Im Emotion Selling nennen wir diesen Mechanismus das Verkaufen gegen inneren Widerstand bei Kunden. Offensichtlich ist die Motivstruktur der Kommunikation hier: Lieber habe ich ein gutes Gefühl als der Kunde.

Ist gut gemeint auch gut gemacht?

Dazu ein Beispiel, das das Prinzip der Monologe in der Kommunikation verdeutlichen soll und auf viele andere Gespräche einfach übertragbar ist. Wer einen Fernseher, eine Kaffeemaschine oder ein anderes technisches Gerät kaufen möchte, erlebt des Öfteren Verkäufer, die es gut meinen. Sie meinen es insofern gut, als sie engagiert und in dem Willen, dem Käufer etwas Gutes zu tun, viel zu viel Fachwissen, Details und Features darstellen. Sie selbst sind oft Experten. Der Antrieb, viele Einzelheiten über das Produkt zu erzählen, kommt möglicherweise aus dem Glauben, dass Kunden viele Informationen brauchen. Gleichzeitig macht es Freude, das eigene Wissen zu zeigen und damit das eigene Wertgefühl zu erhöhen. Und so hören Kunden viel zu lange technische Details, die sie oft wenig oder nicht interessieren. Das ist menschlich verständlich und gleichzeitig uneffektiv.

Wie viele Verkaufsgespräche gehen auf diese Weise an den Bedürfnissen der Kunden vorbei? Wie viel Umsatz nehmen Kunden wieder mit, den sie gerne gemacht hätten, wenn der Monolog nicht an ihren Bedürfnissen vorbeigegangen wäre? Wie wir später noch am Thema Bedarfsermittlung zeigen, hätten einige wenige gekonnte Fragen genügt, um herauszufinden, was die Kunden wirklich interessiert, sodass dann ein erfolgreicheres Verkaufsgespräch geführt werden kann.

Ein weiteres Beispiel: Wir hatten den Auftrag, für eine bekannte Automobilmarke im Premium-Bereich die Kompetenz von Verkäufern zu analysieren und Vorschläge für ein Trainingsprogramm zu entwickeln. Zu diesem Zweck besuchten wir verschiedene Autohäuser. Meine Aufgabe war es zu beobachten, wie Autos oberhalb von 100 000 Euro verkauft wurden. Ich zog mir eine gepflegte Jeans und ein Jackett an und stellte mich im Autohaus als Interessent für einen rassigen Sportwagen vor.

Die Verkäuferin, stilvoll angezogen und eine gute Repräsentantin des Hauses, musterte mich zwar anfangs ein wenig zweifelnd mit einem Blick, der noch einmal zu überprüfen schien, ob ich mir ein solches Auto wohl leisten könne. Danach begann sie ihr Verkaufsgespräch. Ohne mich zu fragen, was ich über das Auto wissen wollte oder was mich an dem Auto interessierte, erzählte sie mir – und das mit sehr viel Engagement und Passion – was ihr selbst an dem Wagen gefiel, wie wenige davon gebaut würden, welche Lederarten zum Einsatz kämen und welche Teile des Autos noch handwerklich gefertigt würden. Sie musterte mich, schätzte mich ein und erklärte mir dann, dass rote Ledersitze für mich nicht gut wären, gebürstetes Aluminium mir gut zu Gesicht stünde und dass Silbermetallic als Lackierung gut zu mir passen würde. Ich selbst fand schwarz gut. Daraufhin erklärte sie mir, dass man auf Schwarz jeden Fleck sehe und die Farbe zurzeit nicht modern sei.

Meine Stoppuhr zeigte mir später an, dass sie mir 21 Minuten lang einen engagierten Vortrag gehalten hatte. Ich hatte in diesem Monolog zwar viel gehört, doch nur 10 Prozent der Informationen hatten mich interessiert. Ich hätte sehr viel lieber etwas über technische Details gewusst, den Wiederverkaufswert und viele andere Faktoren, die sie kaum erwähnt hatte. Dieses Gespräch ging an meinen Bedürfnissen vorbei. Die Redezeit lag zu 90 Prozent bei ihr und zu etwa 10 Prozent bei mir. Während ich selbst ein negatives Gefühl hatte, kann ich mir gut vorstellen, dass die Verkäuferin davon überzeugt war, mich bestens informiert zu haben. Fazit: Das gute Gefühl des Verkäufers hat ganz oft keinen Zusammenhang mit dem guten Gefühl eines Kunden. Allein darauf kommt es allerdings an.

Emotion-Selling-Tipp:

Streben Sie eine Verteilung der Redezeit von mindestens 50 : 50 oder eher einen noch höheren Redeanteil beim Kunden an. Der Kunde gehört in den Mittelpunkt des Gesprächs und sollte deshalb auch mehr Redezeit haben. Ausnahmen bestätigen die Regel.

Die Lösung: kundenzentrierte Informationsgespräche und Monologe. Wie geht das? Mit einer speziellen Rhetorik, mit gezielten offenen W-Fragen wird ermittelt: Welche Informationen möchten Kunden hören? Was ist ihnen wichtig? Inwieweit sind sie genügend informiert? Was möchten sie noch wissen? Ziel ist, immer wieder die Erwartungen, Ziele und Vorstellungen von Kunden in den Mittelpunkt zu stellen und zu erfragen. Die Kunden haben so ein deutlich besseres Gefühl und die Kundengespräche werden wesentlich kürzer, zielorientierter und motivierender. So einfach sich diese Methodik anhört, so wenig wird sie in der Praxis umgesetzt.

„Setzen Sie in jedem Gespräch die Verkaufsbotschaften ab"

Unternehmen, Marketingabteilungen, Produktmanager und Verkäufer selbst wissen, dass gut formulierte, am besten motivierende und emotionalisierende Kernbotschaften und Argumente wichtig sind, um bei Kunden eine Kaufmotivation zu schaffen. Es ist aus unserer Sicht notwendig und gut, viel Sorgfalt und Zeit auf motivierende Botschaften zu verwenden. Meist kommt es auf jedes Wort an.

Logischerweise haben Unternehmen ein Interesse daran, dass ihre Kernbotschaften immer wieder an ihre Kunden vermittelt werden. Unterstützt durch Werbung, CIs (Corporate Identity), USPs (Unique Selling Propositions). Wenn das allerdings zu dem Zwang führt – egal, ob es im Kundengespräch gerade passt oder nicht – diese Botschaften zu vermitteln, erhöht das den Kaufwiderstand von Kunden. Sie fühlen sich dominiert und bevormundet. Ideal ist es, diese Botschaften und Argumente individuell, situativ und vor allem wertschätzend mit einer speziellen Rhetorik zu kommunizieren und zu vermitteln. Emotion Selling liefert dafür die Methoden.

Kurzgespräche: Zeit ist Geld. Zeit für Kunden ist mehr Geld

Natürlich ist die Zeit für Kundentermine manchmal knapp bemessen. Manche Kunden möchten in kurzer Zeit auf den Punkt kommen. Auch die Zeit von Verkäufern ist knapp:

► Wie nutzen Sie diese oftmals sehr knappe Zeit optimal?

► Wie vermeiden Sie, dass der innere und der reale Zeitdruck zu Monologen führt?

► Wie stellen Sie bei knapper Zeit Kunden dennoch in den Mittelpunkt und vermitteln ihnen Master- und Wertgefühl?

Angenommen, ein Kunde vermittelt: „Ich habe heute sehr wenig Zeit." Möglicherweise nimmt jetzt im Kopf des Verkäufers der Druck zu, seine wichtigen Informationen in noch kürzerer Zeit zusammenzufassen. Häufige, verständliche Reaktionen sind:

► Noch schneller sprechen und den Kunden weniger oder nicht zu Wort kommen lassen. Möglichst viele Argumente in kurzer Zeit nennen.

► Darauf verzichten, den Kunden nach seinen Zielen für dieses Gespräch zu fragen und ihn zu fragen, was genau er wissen möchte.

Das Ergebnis ist, dass Kunden in kürzester Zeit viele Informationen aufnehmen, von denen sie nach den Gesetzen der Lerntheorie sehr wenig behalten können. Wer unter Zeitdruck gut verkaufen möchte, folgt dem Prinzip: Weniger ist mehr.

Nehmen Sie sich Zeit für den Kunden, wenn Sie keine Zeit haben

Viel effektiver ist es, auch bei ganz kurzen Gesprächen zwischen zwei und zehn Minuten mehrfach zu fragen: „Was genau möchten Sie wissen?" Oder: „Was interessiert Sie am meisten?" Diese Methode hat viele Vorteile:

▶ Durch die Frage fühlen sich die Kunden wertgeschätzt.

▶ Gleichzeitig haben sie ein hohes Mastergefühl, weil sie selbst bestimmen können, welche Informationen sie bekommen.

▶ Wir wissen ganz genau, was Kunden jetzt hören wollen. Genau diese gewünschten Informationen bekommen sie dann auch.

▶ Noch viel wichtiger ist aus Sicht der Neurokommunikation, dass Kunden durch die Frage gefordert werden, intensiver darüber nachzudenken, was sie möchten. Dieser Denkprozess – und sei er auch nur wenige Sekunden lang – löst im Gehirn eine deutlich höhere neuronale Aktivität aus. Das wiederum bedeutet, dass Ihre Argumente und Themen wesentlich besser im Kopf des Kunden vernetzt werden. Kunden merken sich diese Argumente wesentlich besser.

▶ Ein weiterer Vorteil ist, dass sich Kunden mit der von ihnen selbst gewünschten Information wesentlich mehr identifizieren und sich mehr verpflichtet fühlen.

 Wir benötigen die Erkenntnis und die Überzeugung, dass ...

▶ Monologe uneffektiv sind,

▶ Kunden mehr Redezeit brauchen und dass der, der selbst viel redet, schnell zum Überreden neigt, und

▶ Kunden mehr kaufen, wenn wir selbst weniger reden, stattdessen kundenzentrierte Fragen stellen, wir professionell zu hören und dadurch überzeugen,

▶ das gute Gefühl des Kunden viel wichtiger ist als das des Verkäufers.

Selbstverständlich gehören kurze Monologe zu den meisten Kundengesprächen dazu. Dann beispielsweise, wenn Kunden Informationen wollen. Wichtig dabei ist:

▶ in Form der Dialog-Kommunikation Kunden zuerst zu fragen, was sie wissen möchten, ihnen damit Wertschätzung zu geben und sie dann zu informieren, statt von sich selbst ausgehend einfach zu reden.

▶ die Monologe so kurz wie möglich zu fassen.

▶ sich im Gespräch immer wieder durch Zwischenfragen die Zustimmung des Kunden zu holen und ihn zu fragen, ob er sich ausreichend informiert fühlt, ob er noch etwas wissen will und wenn ja, was.

Dialoge

Dialog steht für motivierende, überzeugende und erfolgreiche Kommunikation mit Kunden. „Dia" heißt griechisch „zwei". Hier sind zwei Partner im Gespräch. Beide sind beteiligt, beide sind wichtig, und es findet ein Austausch statt.

Aus Sicht der Neuro-Emotionstheorie stellt der Dialog für Kunden das Mastergefühl sicher. Kunden werden gefragt, werden einbezogen, sie bestimmen den Ablauf und die Inhalte des Gesprächs selbst, sie legen selbst fest, welche Informationen sie haben und hören möchten. König Kunde bekommt das, was er erwartet.

Verkäufer profitieren in hohem Maße, wenn sie es verstehen, gute Dialoge zu führen. Die emotionale Basis zum Kunden wird deutlich positiver. Das Vermitteln von Mastergefühl und Wertschätzung motiviert Kunden, mehr für den Verkäufer zu tun. Die emotional bessere Basis bewirkt, dass Kunden besser zuhören, Argumente besser akzeptieren, wesentlich weniger Widerspruch, Einwände und Vorwände geäußert werden und am Ende mehr verkauft wird.

Welche Fähigkeiten sind für dialogzentrierte Kundengespräche erforderlich?

▶ Die Disziplin, sich selbst zurückzuhalten und weniger zu reden.

▶ Die Fähigkeit, Informationen kurz, knapp und auf den Punkt zu vermitteln.

▶ Die Fähigkeit, in allen Teilen eines Kundengesprächs, von der Eröffnung über die Bedarfsermittlung bis hin zum Abschluss, ein vollständiges Gespräch mit offenen W-Fragen zu führen und zu steuern. Das ist anspruchsvoll und lernbar.

Für Verkäufer heißt das, auf manches gute Gefühl zu verzichten und teilweise gegen ihr Gefühl zu handeln. Das bedeutet, auch bei knapper Zeit im Kundengespräch selbst weniger zu sagen, sich gegen das eigene Gefühl zurückzuhalten, sich stattdessen immer wieder die Meinung von Kunden einzuholen. Das Prinzip lautet: Lieber Zeit investieren und wissen, was der Kunde will und denkt, als am Kunden vorbei Monologe zu führen.

Emotion-Selling-Tipp:

Ein Erfolgsfaktor für eine gelungene Kommunikation mit Kunden sind Dialoge. Ob Sie Kunden durch Monologe bewusst oder unbewusst dominieren, überreden oder durch Dialoge ernst nehmen und überzeugen – das macht den Unterschied und über viele Jahre mehr Umsatz und bessere Ergebnisse aus. Stellen Sie also die Kommunikation mit Kunden und die Verkaufskommunikation konsequent auf Dialoge um.

Das Modell der vier Gesprächstypen

In diesem Kapitel geht es um eine zentrale Frage menschlicher Kommunikation: Inwieweit sind wir wirklich an anderen Menschen interessiert? Während unserer Forschung über die Motive und Strukturen menschlicher Kommunikation machten wir sehr bald eine interessante Entdeckung: Menschen reden wenig *miteinander*.

Als wir einige hundert Gespräche per Video aufgezeichnet hatten und im Rahmen eines Forschungsprojekts analysierten, fiel uns auf, dass mehr als 90 Prozent der Kommunikation Monologe waren. Die meisten Menschen erzählten von sich selbst. Sie schilderten, was sie erlebt hatten, wie der Urlaub war, was sie denken, wie sie Politik bewerten, sie sprachen von ihren Familien, Kindern, Wünschen, Vorstellungen und den vielen anderen Dingen, die das Leben ausmachen. Dabei redeten beide Parteien in der Regel nur von sich selbst. Jeder führte einen Monolog. Erstaunlicherweise gilt das in unserer Kultur als Unterhaltung. Die meisten Menschen unterhalten sich gar nicht, sie senden nur. Sie benutzen andere Menschen als Zuhörer.

Wie viele Menschen kennen Sie, die gern und – wenn man geduldig zuhört – am liebsten sehr lange und viel von sich erzählen? Dahinter steckt das tiefe emotionale Bedürfnis, Aufmerksamkeit zu erhalten, dadurch wichtig zu sein und sein Wertgefühl zu steigern. Wer selbst redet, steht im Mittelpunkt. In der Regel tut das gut und wertet auf. Auch deshalb sind Monologe attraktiv. Wer von sich selbst spricht und erzählt, kann das Gespräch steuern. Das bedeutet Mastergefühl und Selbststeuerung. Das macht Monologe noch attraktiver. Wer selbst erzählt, führt. Er kann sich darstellen und positionieren.

Wenn die Gesprächspartner interessant sind, haben auch Zuhörer einen Nutzen. Sie erfahren möglicherweise Neues und bekommen Informationen, die ihnen weiterhelfen. Damit können sie kompensieren, dass sie selbst wenig erzählen können, für andere kaum wichtig sind und selten gefragt werden.

In der Regel ist anderen zuzuhören jedoch eher unattraktiv. Wer zuhört, steht im Hintergrund, bekommt wenig Interesse, Anerkennung und die Möglichkeit, seine Meinung, Denkweisen und Erlebnisse darzustellen. Das Ergebnis: Zuhören liefert wenig oder kein Wert- und Mastergefühl. Zuhören lohnt sich kaum. Selbst erzählen ist besser.

Wir empfehlen Ihnen einen einfachen Test. Wenn Sie bei Freunden oder Geschäftspartnern eine Stunde lang beobachten, wie oft jemand Sie fragt, wie es Ihnen geht, was Sie denken, meinen usw. Zählen Sie einfach die Anzahl der Fragen. Normal sind keine bis fünf Fragen. Testen Sie in der gleichen Zeit, wie lange andere einfach von sich erzählen, ohne Sie zu fragen, ob Sie das hören wollen. Dieser Test wird ein realistisches Bild auf unsere Kommunikationskultur. Wer in den Verkauf geht, hat ein Leben lang Monologe gelernt. Wie will er da Kunden wichtig nehmen? Der Weg wird ein weiter sein ...

Die Gesprächstypen lassen sich nach ihrer Attraktivität in eine Rangfolge bringen (siehe Abbildung 24).

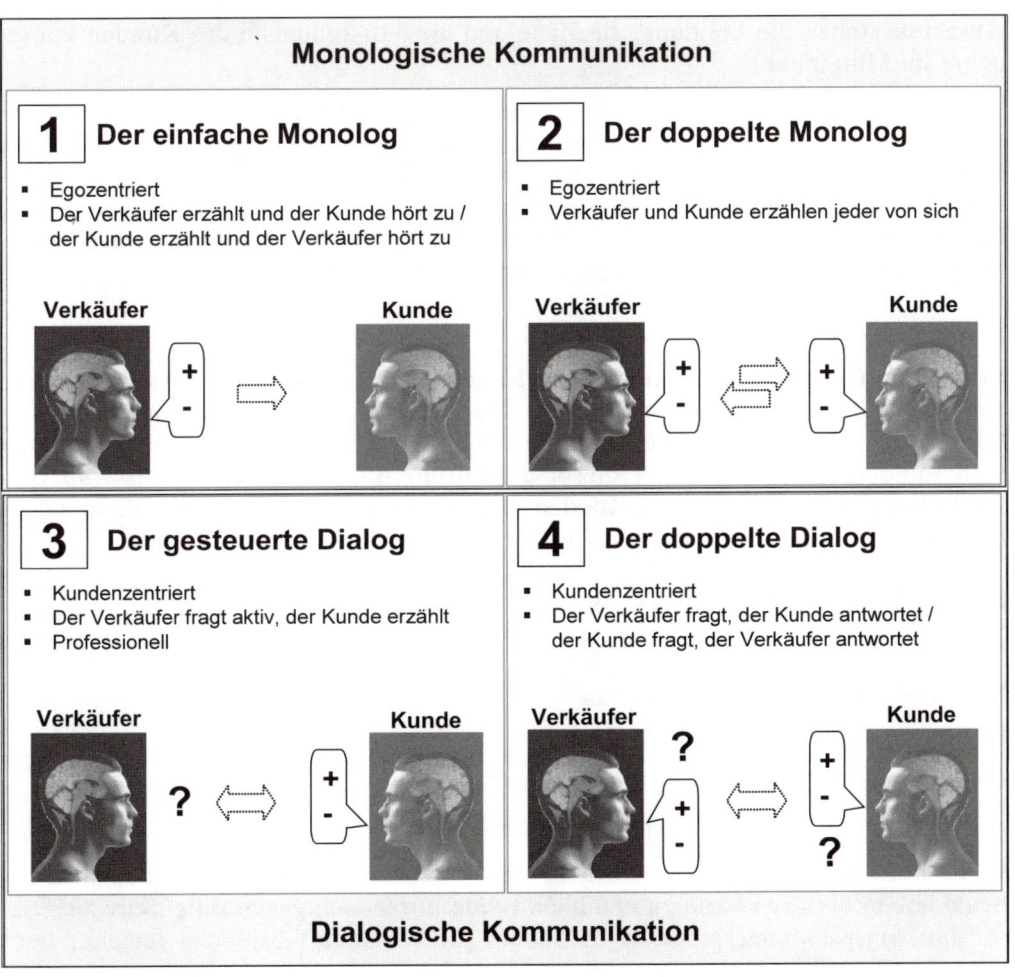

Abbildung 24: Modell der dialogischen und monologischen Kommunikation

Platz 1: Typ 3: Der gesteuerte Dialog

▶ Redezeit: rund 10 Prozent Verkäufer : 90 Prozent Kunde

▶ Erzeugte Kaufmotivation: sehr hoch

▶ Kundenzufriedenheit: sehr hoch

▶ Effektivität für Verkäufer: sehr hoch

▶ Anspruch an das Können des Verkäufers: hoch

▶ Dieser Gesprächstyp wird in der Praxis zu weniger als 10 Prozent genutzt.

Die Verkäufer fragen den Kunden möglichst oft während des gesamten Kundengesprächs. Vom Beginn des Gesprächs, von der Begrüßung über die intensive Bedarfsermittlung, die Suche nach Lösungen für Probleme bis hin zum verbindlichen

Abschluss stehen die Meinung, die Ziele und die Vorstellungen des Kunden konsequent im Mittelpunkt.

Anwendung: Dieser Gesprächstyp ist ideal geeignet für Gespräche mit neuen Kunden, um sie zu gewinnen und schnell eine Beziehung aufzubauen, mit wichtigen Kunden, den Key-Accounts, die hochwertige Kommunikation erwarten, für effektive Briefings, zum Beispiel bei der Bedarfsermittlung vor der Vergabe von Aufträgen, für die Moderation von Präsentationen, im Networking mit wichtigen Kontakten und selbstverständlich für jedes Verkaufsgespräch.

Emotionsanalyse

Bei diesem Gesprächstyp bekommt der Kunde das Maximum an positiver Emotion, Respekt und Wertschätzung vermittelt. Die Verkäufer schaffen dadurch eine stabile, positive Beziehungsebene. Dadurch erhält er viel mehr wichtige Informationen vom Kunden als mit normaler Gesprächsführung. Diese Informationen, zum Beispiel über die Kaufmotive des Kunden, machen es ihm leichter, seine Ziele zu erreichen und leichter und besser zu verkaufen.

Platz 2: Typ 4: Der doppelte Dialog

▶ Redezeit: etwa 50 Prozent : 50 Prozent auf beide Gesprächspartner verteilt.

▶ Kundenzufriedenheit: hoch

▶ Erzeugte Kaufmotivation: hoch

▶ Effektivität für Verkäufer: hoch

▶ Anspruch an das Können des Verkäufers: mittel

Beide Parteien fragen sich gegenseitig, erleben dadurch das Interesse des anderen, beide haben die Freiräume zu erzählen. Beide hören sich gegenseitig aktiv zu. Dieser Typ von Kundengespräch ist besonders gut für lange Gespräche geeignet, baut schnell und auf hohem Niveau eine gute Beziehung und positive Chemie auf.

Anwendung: Dieser Gesprächstyp ist ideal geeignet für Gespräche mit lange bekannten Kunden, für die Konversation und den Aufbau von Kontakten, bei denen der gegenseitige Austausch von Informationen im Mittelpunkt steht, mit Key-Accounts, im Networking mit wichtigen Kontakten und selbstverständlich für jedes Verkaufsgespräch.

Emotionsanalyse

Der Index für das Wertgefühl ist für beide hoch. Sie erleben durch die Tatsache, dass jeder den anderen fragt, Interesse zeigt und aktiv zuhört, ein großes Maß an Wertschätzung. Das verbindet beide und führt zu einer sehr positiven Beurteilung dieses Gesprächstyps. Durch das aktive Zuhören haben beide ein Mastergefühl, die Freiheit zu erzählen oder nicht, das Thema frei zu wählen. Sie fühlen sich wenig durch Monologe, Suggestionen und Bewertungen anderer dominiert oder eingeengt.

Platz 3: Typ 2: Der doppelte Monolog

▶ Redezeit: 50 Prozent Verkäufer : 50 Prozent Kunde

▶ Kundenzufriedenheit: gering – mittel

▶ Erzeugte Kaufmotivation: gering – mittel

▶ Effektivität für Verkäufer: mittel

▶ Anspruch an das Können des Verkäufers: gering

Beide Parteien erzählen von sich. Sie greifen zwar das Thema des Gesprächspartners auf, aber oft nur, um es als Vorlage für ein eigenes Erlebnis zu nutzen. So führen beide Gesprächspartner sozusagen jeweils einen Monolog. Ein Kennzeichen des doppelten Monologs ist, dass von beiden Seiten kaum Fragen gestellt werden. Jeder ist an seinen Themen interessiert und möchte selbst im Mittelpunkt stehen.

Emotionsanalyse

Beide Gesprächspartner haben ein mittelhohes Wertgefühl. Es ist deshalb nur mittelhoch, da zwar beide ein sehr gutes Gefühl haben, weil sie von sich erzählen können, aber auch nicht gefragt werden. Jeder steht für sich allein im Mittelpunkt.

Platz 4: Typ 1: Der einfache Monolog des Verkäufers

▶ Redezeit: 90 Prozent Verkäufer : 10 Prozent Kunde
   (bis zum Verhältnis 70 Prozent : 30 Prozent)

▶ Kundenzufriedenheit: gering

▶ Erzeugte Kaufmotivation: mittel

▶ Effektivität für Verkäufer: mittel

▶ Anspruch an das Können des Verkäufers: mittel

▶ Dieser Gesprächstyp ist in der Praxis der häufigste, bei Verkaufsgesprächen mit Beratung wird er durchschnittlich zu mehr als 80 Prozent genutzt.

Zielführend und verkaufsfördernd ist ein Monolog nur dann, wenn sich der Kunde Informationen bzw. eine Beratung wünscht. Wichtig ist, kundenzentrierte Nutzen und eine überzeugende Argumentation zu verwenden, um eine Überzeugungskraft zu erreichen. Der Nachteil von Monologen ist, dass Kunden oft innerlich abschalten, nur passiv zuhören und dadurch die Kaufmotivation reduziert wird.

Anwendung: Überall da, wo Kunden Informationen benötigen und Beratung erforderlich ist.

Emotionsanalyse

Der Kunde hat ein Master- und Wertgefühl, solange der Verkäufer seine Fragen so beantwortet, wie der Kunde es sich wünscht. Fängt sich der Kunde an zu langweilen, weil der Monolog zu lang wird, oder hat der Kunde schon die nächste Frage im Kopf, so stellt sich ein Ohnmachtsgefühl ein.

Typ 1: Der einfache Monolog des Kunden

▶ Redezeit: 10 Prozent Verkäufer : 90 Prozent Kunde

▶ Kundenzufriedenheit: hoch

▶ Erzeugte Kaufmotivation: gering

▶ Effektivität für Verkäufer: gering

▶ Anspruch an das Können des Verkäufers: gering

Der Verkäufer fragt wenig, der Kunde liebt es, lange zu erzählen. Die Verkäufer brauchen die Fähigkeit, die Steuerung des Gesprächs selbst zu übernehmen. Wenn der Kunde zu lange spricht, besteht die Gefahr, dass viel Zeit verbraucht wird und das Ergebnis im Verhältnis dazu eher gering ausfällt. Der Verkäufer hat zu wenig Zeit, den Kunden zu informieren, zu überzeugen und seine Ziele zu erreichen. Der Kunde nutzt den Verkäufer als „Informationsabladestelle". Hier ist die Kompetenz des Verkäufers gefragt, den Redefluss des Kunden geschickt zu unterbrechen, um in einen Dialog einzusteigen und um die wahren Kaufabsichten zu klären. Das geht grundsätzlich am besten mit einer gekonnten Fragerhetorik.

Emotionsanalyse

Der Kunde hat Master- und Wertgefühl, steht im Mittelpunkt, hat die Freiheit zu erzählen beziehungsweise nimmt sie sich. Er kann sich selbst, seine Meinungen, Denkweisen und Vorstellungen ausführlich darstellen.

Die Verkäufer hören zu, haben wenige Steuerungsmöglichkeiten, eher ein Gefühl der Fremdbestimmung, stehen selbst im Hintergrund, fühlen sich abgewertet, weil wenig wichtig. Für sie ist der Monolog des Kunden nachteilig.

 Dem guten Gefühl des Verkäufers beim Monolog steht ein eher schlechtes Gefühl beim Kunden gegenüber. Monologe sind gut, wenn Kunden Informationen wünschen, die nur der Verkäufer geben kann. Ansonsten sind Dialoge die überlegene Gesprächsführung. Dazu ist das Training einer kundenzentrierten Fragerhetorik, einer intensiveren Bedarfsermittlung und von mehr aktivem Zuhören erforderlich.

Dimension 3: Problemzentrierte Verkaufskommunikation vs. lösungszentrierte Verkaufskommunikation

Wir lieben Problemkommunikation. Wer Probleme anspricht, erhält die Aufmerksamkeit. Wer kritisiert, steht schnell im Mittelpunkt. Probleme und Kritik haben eins gemeinsam: Sie lösen neuroassoziativ negative Emotionen aus, wie das Google-Prinzip belegt. Messungen beweisen die Stressreaktion im Körper. Mit Kunden über Probleme zu reden, heißt, im negativen Gefühlsmodus zu sein. Ziel ist deshalb, ein Lösungsgespräch zu führen, um den Problemmodus zu verlassen.

Wenn es um den Umgang mit Problemen geht, lassen sich verschiedene Kommunikationstypen unterscheiden:

Typ 1: Der Problematisierer (Kritiker, Skeptiker)

Der Problematisierer nennt in der Regel nur das Problem, die Nachteile und negativen Konsequenzen, um damit Druck aufzubauen. Diese Methode ist die typische Erziehungsmethode und wird oft für normal gehalten. Bei Kunden löst diese negative Kommunikationsstrategie neuroassoziativ tausende von unangenehm erlebten Situationen aus, in denen sie kritisiert wurden. Deshalb kann man sagen: Negative Kritik verschlechtert sofort die Kundenbeziehung.

Beispiele

▶ „Wenn wir **nicht** ..., dann ..." , „Ich sehe da ein **Problem** ..., Das **Problem** ist ..."

▶ „Für die Durchführung unseres Marketingprojekts haben wir *zu wenig* Budget. Das bedeutet, dass wir eine ganze Reihe von Maßnahmen nicht oder *nicht_vollständig* durchführen können. Das würde auch bedeuten, dass unser Marketingkonzept **weniger Durchschlagskraft** hat."

Typ 2: Problemlöser – nennt Problem plus Lösung

Der Problemlöser nennt das Problem und eine mögliche Lösung. Diese Kommunikationsstrategie erzeugt erheblich mehr Konstruktivität und stellt ein deutlich höheres Kompetenzniveau in der Kommunikation dar. Während die Nennung des Problems den Kunden negativ emotionalisiert, assoziiert die Lösung positive Emotion.

Beispiel

Das Problem nennen:

„Für die Durchführung unseres Marketingprojekts haben wir zu wenig Budget. Das bedeutet, dass wir eine ganze Reihe von Maßnahmen nicht oder nicht vollständig durchführen können. Das würde auch bedeuten, dass unser Marketingkonzept weniger Durchschlagskraft hat ..."

+

Lösungen, Verbesserungsvorschläge und Strategien vorschlagen:

„... Es wäre sehr wichtig, das Budget um 20 Prozent zu erhöhen. Damit können wir alle Maßnahmen wie geplant durchführen und erreichen eine hohe Durchschlagskraft des gesamten Konzepts."

Typ 3: Der Löser (Der Profi)

Der Löser sieht das Problem, denkt es in eine Lösung um und kommuniziert nur noch die Lösung. Er verzichtet darauf, das Problem zu nennen. Hat er selbst keine Lösung, fragt er andere danach. Nur die Lösung eines Problems zu kommunizieren, ist die mit Abstand professionellste und kompetenteste Variante. Sie ist für Kundengespräche ideal geeignet. Wer Kundenbeziehungen erhalten will, Konflikte mit

Kunden konstruktiv und fair lösen möchte, in Verhandlungen kontroverse Standpunkte konsequent verhandeln möchte und Wert darauf legt, dass alle Parteien ihr Gesicht wahren, und wer teure Reibungsverluste und Konflikte vermeiden möchte, findet hier eine hervorragende Methode.

Struktur

1. Das Problem sehen und im Kopf analysieren.

2. Das Problem in eine Lösung umdenken, Verbesserungsvorschläge und Strategien entwickeln.

3. Nur noch die Lösung, den Verbesserungsvorschlag und die Strategie kommunizieren oder gegebenenfalls danach fragen.

4. Die Ziele, die Wirkung und die Vorteile dieser Lösung darstellen. Das motiviert und überzeugt.

Beispiele

► *Methode 1: Selbst Vorschläge machen, ohne das Problem zu nennen*

„Es wäre sehr wichtig, das Budget um 20 Prozent zu erhöhen. Damit können wir alle Maßnahmen wie geplant durchführen und erreichen eine hohe Durchschlagskraft des gesamten Konzepts." Sie sehen, auf die Nennung des Problems kann grundsätzlich verzichtet werden. Diese Lösungskommunikation ist effektiv, emotional motivierend und kompetent.

► *Methode 2: Nur die Lösung + die Fragerhetorik = doppelt professionell*

Diese Methode ist kundenzentriert, stellt die Meinung anderer in den Mittelpunkt, erhöht ihr Wertgefühl und gibt ihnen die Entscheidungsfreiheit, das Mastergefühl.

„Was halten Sie davon, das Budget um 20 Prozent zu erhöhen? Damit können wir alle Maßnahmen wie geplant durchführen und erreichen eine hohe Durchschlagskraft des gesamten Konzepts."

Emotion-Selling-Tipp:

Es ist beeindruckend, wie viel mehr Speed, Motivation und Effektivität durch den Verzicht auf Problemkommunikation und den konsequenten Einsatz von Lösungskommunikation entsteht. Jedes Gespräch, jede Besprechung, jede Beratung, jede Verhandlung wird bis zu etwa 30 Prozent kürzer, bringt schneller gute Ergebnisse, gewinnt Zeit und Geld. Vor allem macht eine solche Kommunikation viel mehr Spaß. Wenden Sie deshalb Lösungsgespräche an. Sprechen Sie so kurz wie möglich oder gar nicht über Probleme – lösen Sie sie. Sprechen Sie nur zu rund 10 Prozent über ein Problem und zu etwa 90 Prozent über die Lösung.

Dimension 4: Egozentrierte vs. kundenzentrierte Kommunikation

Egozentrierte Kommunikation

Egozentrierte Gesprächsführung heißt, Kunden auszufragen und ihnen Informationen „aus der Nase zu ziehen" (was viele Verkäufer für eine effektive Fragetechnik halten), Ego-Aussagen zu machen wie: „Sie sind von meinem Produkt überzeugt" und bei dieser Unterstellung ganz einfach von sich auszugehen statt Kunden zu fragen, Gespräche mit Floskeln eröffnen, die wenig authentisch sind („Sie hatten ein schönes Wochenende ...") und möglichst schnell – nachdem die positive Pflicht der Eröffnung getan ist – zu den eigenen Zielen übergehen und dadurch dem Kunden signalisieren, wie wenig wir an ihm persönlich und seiner Antwort interessiert sind.

Egozentriert zu sein, Egoist sein, ist ein tief verwurzeltes Motiv unseres Handelns. Wer Kommunikation und Gespräche mit dem Ziel angeht, seine Vorteile daraus zu ziehen, wird sich selbst in den Mittelpunkt und Kunden in den Hintergrund stellen. Egozentrismus ist etwas ganz Natürliches und in der evolutionären Entwicklung sehr wichtig. Den eigenen Vorteil zu suchen, sichert das Überleben, Machtpositionen und den Zugang zu wichtigen Ressourcen. Dabei handelt es sich um ein belohntes Verhalten. Wir wissen heute aus der Lernpsychologie, dass diese Muster bereits bei Kindern unter zwei Jahren gelernt und ausgeprägt werden. Es handelt sich um die so genannten Kohlhaasschen Stufen.

Lernen Kinder, dass sich Egoismus lohnt, indem sie Vorteile auf Kosten anderer erreichen, dann prägt sie das für ein ganzes Leben. Ein Beispiel: Wenn zwei Kinder je ein Stück Kuchen haben, isst der Egoist sein Stück und fragt den anderen, ob er von seinem Stück noch etwas bekommen kann. Egoisten lernen frühzeitig, zu fordern und zu sagen, was sie wollen. In der späteren Verkaufskommunikation werden das die Ego-Verkäufer, die ihre Ziele im Mittelpunkt sehen und besser fordern können.

Logischerweise wollen Verkäufer ihre eigenen Ziele erreichen. Wenn das allerdings zu einer Kommunikation führt, mit der Kunden sich wenig ernst genommen, sondern dominiert und überredet fühlen, dann merken Kunden das bewusst oder unbewusst sehr schnell und ziehen sich zurück. Die Kundenbeziehung wird gestört Damit ziehen Kunden auch ihren Umsatz zurück. Egozentrierte Verkäufer verlieren früher oder später viel Geld. Es wird ihnen schwerfallen, langfristig gute Beziehungen aufzubauen.

Kundenzentrierte Kommunikation

Menschen ernst nehmen, respektvoll sein, sie wichtig nehmen, Wertschätzung geben, ob durch Höflichkeit, Freundlichkeit, Unterstützung oder durch Zuhören und Fragenstellen, ist ein Grundwert, eine Grundüberzeugung oder Grundphilosophie. Kundenzentriert zu denken und zu kommunizieren, setzt diese Grundwerte voraus. Menschen, die über diese Grundwerte verfügen, lernen über Jahre die dazu nötigen kommunikativen Fähigkeiten.

Einige Menschen haben schon in der Kindheit gelernt, dass sie weiterkommen, indem sie Koalitionen schmieden, indem sie teilen und abgeben. Daraus werden später die besseren Beziehungs- und Sympathieverkäufer. Das Grundmuster zu fordern und zu sagen, was sie wollen, ist bei ihnen unterentwickelt. Deshalb haben sie bei Abschlüssen viel zu lernen und zu trainieren.

> Emotion Selling verbindet zielorientierte, ergebnisorientierte und gleichzeitig kundenzentrierte, wertschätzende Kommunikation. Kunden bekommen, was sie wollen – überzeugenden Nutzen, Respekt und beim Kauf ein gutes Gefühl. Verkäufer bekommen auch, was sie wollen – die gute Beziehungsebene und den Umsatz. Dieser Ansatz setzt ein kundenzentriertes Wertesystem voraus, das entwickelt werden kann und trainierbar ist.

Dimension 5: Suggestionen vs. Fragen

Suggestionen

„Sie als Experte legen sicherlich Wert auf beste Qualität!", „Sie wollen doch sicherlich Kosten sparen", „Sie sind doch bestimmt jemand, der ...", „Die beste Lösung für Sie ist ...", „Ich habe genau das Richtige für Sie ...", „Ich bin sicher, das wird Ihnen gefallen ...", „Ihnen geht's gut. Sie haben sich gut erholt. Sie haben die Feiertage genossen", „Sie waren zufrieden?", „Ich denke, wir kommen ins Geschäft!", „Der Familie geht's gut!?", „Sie sehen so erholt aus. Sie waren bestimmt im Urlaub?!" ...

Kennen Sie diese oder ähnliche Aussagen? Es sind Suggestionen, also Unterstellungen, Behauptungen, Interpretationen und Vermutungen. Videoanalysen von Kundengesprächen zeigen, dass Suggestionen eines der am meisten verwendeten Kommunikationsmuster sind. Es gibt Kundengespräche von wenigen Minuten Dauer, in denen nach unseren Messungen mehr als 30 Suggestionen vorkommen. Auch im Alltag gehören sie zum Standardrepertoire der meisten Menschen. Wir haben uns an sie gewöhnt. Aus Sicht der Neurokommunikation gehören Suggestionen zu den negativen Sprachstrategien. Betrachtet man sie unter dem Gesichtspunkt der Neuroassoziation, wird schnell klar, warum sie in Kundengesprächen Nachteile haben. Suggestionen sind eine Form der Besserwisserei. Damit vermitteln Menschen anderen – in der Regel mit einer positiven Absicht – dass sie wissen, was für andere gut ist.

Was assoziiert unser Gehirn in wenigen tausendstel Sekunden, wenn es eine Suggestion, eine Unterstellung und damit eine Bewertung über unseren Kopf hinweg hört? Welche Erfahrungen haben wir mit Suggestionen im Laufe unserer Erziehung und Spracherziehung gemacht? Meist handelt es sich um ein Dominanzmuster von Eltern und Erziehern. Nach einer Studie, die wir an der Universität Essen durchgeführt haben, hört jeder Mensch täglich mehr als 100 Suggestionen, manche Menschen mehr als 500.

Bei dieser Studie werteten wir Videoanalysen von Alltagsgesprächen aus, indem wir die Zahl der Suggestionen mit Hilfe einer Strichliste notierten. Suggestionen sind schnell ausgesprochene Muster. Es gibt sie negativ und positiv: „Das hast du absichtlich gemacht", „Du willst doch sicher später erfolgreich werden", „Du hast doch bestimmt noch keine Hausaufgaben gemacht", „Wie ich dich kenne, erledigst du deine Arbeit wieder in letzter Minute", „Perfektionistisch wie du bist, wirst du alles hundertprozentig machen ..." Wir alle im Forschungsprojekt hielten anfangs Suggestionen für harmlose und normale Aussagen. Das änderte sich, als wir erkannten, was sie wirklich im Emotionssystem auslösen.

Emotionsanalyse

Suggestionen liefern einen Emotionsgewinn für diejenigen, die sie machen. Wer suggeriert, bewertet andere. Wer andere bewertet, stellt sich damit über sie. Wer Suggestionen hört, wird bewertet, beurteilt und bekommt Motive unterstellt. Für Kunden bedeutet das eine Abwertung und eine Einschränkung ihres Mastergefühls oder, anders ausgedrückt, ein Ohnmachtsgefühl. Aus diesem Grund sind Suggestionen bei Verkäufern beliebt und bei Kunden unbeliebt.

Wer anderen etwas suggeriert, wer etwas behauptet, statt eine Frage zu stellen, die wesentlich wertschätzender wäre, vermeidet eine mögliche negative Antwort. Damit sind Suggestionen eine Strategie, Sicherheit herzustellen. Die Frage „Sie sind von meinem Produkt überzeugt?!" gibt einem Verkäufer emotional wesentlich mehr Sicherheit als die offene Frage: „Wie sehen Sie mein Produkt? Inwieweit sind Sie von meinem Produkt überzeugt?". Da die Vermeidung von negativen Emotionen ein Primärmotiv, eine fundamentale Motivation ist, arbeiten wir lieber mit Suggestionen als mit Fragen. Unbewusst werten Verkäufer Kunden lieber ab und erzeugen bei ihnen eine assoziierte Ohnmacht, damit sie selbst dabei ein besseres Gefühl haben.

„Ich habe genau das Richtige für Sie!". Der Einzige, der sagen kann, was richtig für ihn ist, ist der Kunde selbst. Verkäufern ist möglicherweise kaum bewusst, dass sie durch Suggestionen andere abwerten, und – deutlich ausgedrückt – entmündigen.

Ein anderes Beispiel: die Aussage „Sie wollen doch sicherlich ..." Auch hier wird deutlich, dass hinter einer scheinbar harmlosen Aussage ein Muster steckt, das den Kunden bevormundet. Der Verkäufer geht davon aus, dass er weiß, was für den anderen das Richtige ist. Die Frage „Was ist Ihnen wichtig ?" würde echtes Interesse an der Meinung und der Einschätzung des Kunden zeigen.

Durch die negative Assoziationen und die damit untrennbar verknüpften Emotionen ist es logisch und nachvollziehbar, dass Kunden sich in vielen suggestiv geführten Verkaufsgesprächen überredet statt überzeugt fühlen. Es ist auch verständlich, dass viele Kunden nach mehreren Unterstellungen und Suggestionen zunächst ein ungutes Gefühl bekommen, sie dann unterschwellig aggressiv werden oder die Zahl der Einwände zunimmt. Der durch Suggestionen erzeugte emotionale Widerstand beim Kunden reduziert die Kaufmotivation signifikant und kostet Umsatz.

Wer Suggestionen nutzt, bevormundet Kunden. Wer suggeriert, unterstellt anderen etwas. Das mögen andere nicht. Kunden reagieren unbewusst durch Ablehnung, mehr Einwände und kritische Kommunikation. Wer suggeriert, erfährt wenig oder fast nichts von Kunden, von ihren Vorstellungen, Erwartungen, Wünschen und Zielen. Mehr als 80 Prozent aller Kundengespräche verlaufen suggestiv. Ersetzen Sie deshalb suggestive Formulierungen grundsätzlich durch Fragen.

Fragen – Die Königsdisziplin

Wer fragt, führt. Wer fragt, hat Einfluss. Wer fragt, zeigt Interesse. Wer fragt, ist attraktiv. Wer fragt, erfährt viel. Wer viel erfährt, weiß viel. Wer viel weiß, verkauft viel. Jede Frage, die wir einem Kunden stellen, ist eine Aufwertung. Sie zeigt Interesse und nimmt ihn wichtig. Kunden registrieren und honorieren das. Fragen sind genial und stehen für exzellente Kommunikation.

Fragen stellen zu können ist die Königsdisziplin in der Kommunikation. Sie ist allen anderen Kommunikationsstrategien weit überlegen. Nur die Frage ist in der Lage, gleichzeitig den Gesprächspartner wertzuschätzen, ihn in den Mittelpunkt zu stellen und gleichzeitig die eigenen Ziele zu erreichen. Nur durch Fragen können wir eine hervorragende Sympathieebene zu anderen aufbauen, können Konflikte fair lösen und erfahren alles, was wir brauchen, um bestmöglich zu verkaufen. Bei Emotion Selling geht es darum, die gesamte Kommunikation mit Kunden auf die Fragerhetorik aufzubauen.

Andererseits gibt es verschiedene Gründe, warum kundenzentriertes Fragen eine große Herausforderung für Verkäufer darstellt. Die wenigsten Menschen haben in ihrer Erziehung und Sozialisation Kommunikation mit Fragen gelernt. Zwar fragen Kinder gern Eltern, doch sind diese Fragen egozentrierte Fragen. Die Kinder wollen von anderen etwas wissen, was sie persönlich brauchen oder was ihnen nutzt. Das könnte man auch Ausfragen nennen. Das bedeutet, dass Verkäufer später kundenzentrierte Fragen wie eine Fremdsprache erlernen müssen.

Was wir im Verkauf brauchen, ist mehr eine professionelle Interview-Methodik, die konsequent den anderen in den Mittelpunkt stellt. Ziel ist, Verkaufsgespräche zu moderieren und zu steuern, indem wir möglichst viel über die Erwartungen, Kaufmotive, Vorstellungen und Ziele der Kunden erfragen. Verkaufsgespräche durch Fragen zu steuern macht einen Klassenunterschied aus. Wer das lernen möchte, durchläuft dem Training einen intensiven Lernprozess.

Wann und warum können sich Kunden ausgefragt fühlen?

Manchmal fühlen sich Kunden ausgefragt. Hierfür kann es mehrere Gründe geben: Der Verkäufer stellt zu viele Fragen zu schnell hintereinander oder zu viele egozentrierte Fragen, bei denen deutlich wird, dass er selbst den Nutzen aus der Antwort hat.

Wer als Kunde richtig gefragt wird, fühlt sich wohl und kauft. Wenn Kunden sich ausgefragt fühlen, liegt es ausschließlich an der Art, *wie* gefragt wird. Wer gelernt hat, professionell zu fragen und mit professionellen Pausen und intensivem Zuhören zu arbeiten, erzielt beeindruckende positive Ergebnisse. Die folgende Übersicht zeigt eine Übersicht von Fragearten, Fragetypen und Fragemethodiken, die wir bei Emotion Selling verwenden (siehe Abbildung 25). Einige werden nachfolgend näher erläutert.

Professionelle Fragerhetorik					
	Fragearten				
	Eröffnungs-fragen	Informations-fragen	Wellness-fragen	Abschluss-fragen	Bedarfs-fragen
	Definitions-fragen	Master-fragen	Kausale Erfolgsfragen	Business-fragen	Zielverein-barungs-fragen
	Motivations-fragen	Highlight-fragen	Best Practice Fragen	Lösungs-fragen	Meta-fragen
	Fragetypen				
	Warum Fragen	Offene W-Fragen	Kurzfragen/ Tripple W	Suggestiv-fragen	Geschlossene Fragen
	Was noch? Fragen	Positiv/ Negativ gerichtete Fragen	Egozentrierte Fragen	Kunden-zentrierte Fragen	Alternativ-fragen
	Methodik				
	Fragenketten	Interview-methode	Horizontal und vertikal fragen	Prof. zuhören (Fishing)	Wert-schätzende Pausen

Abbildung 25: Professionelle Fragerhetorik in der Übersicht

Offene W-Fragen

Der Begriff „Offene W-Fragen" ist den meisten Verkäufern bekannt. Die Erfahrung zeigt, dass es einen großen Unterschied zwischen Kennen und Können gibt. Wem es gelingt, ein komplettes Kundengespräch von der Gesprächseröffnung bis zum erfolgreichen Abschluss über offene Fragen zu lenken, der ist Profi. Dem fällt das Verkaufen am leichtesten. Der verkauft am meisten.

Offene Fragen erfüllen alle Kriterien, die Gespräche für den Gesprächspartner interessant machen. Sie bieten Kunden eine Bühne, sich zu präsentieren, sich also wichtig zu fühlen. Der Gefragte ist in der Rolle des Erzählers, der seine Meinung abgibt. Ihm wird zugehört. Neben der Wichtigkeit genießt er auch die Möglichkeit, offene, kurze W-Fragen so zu beantworten, wie er möchte. Der Kunde hat also die Kontrolle und die Wahlfreiheit über die Inhalte, die er erzählen möchte. Er wird eingeladen zu erzählen, was ihm selbst wichtig ist, und nicht aufgefordert zu erzählen, was der Frager hören möchte. Somit sorgen offene, kurze W-Fragen für eine angenehme und entspannte Gesprächsatmosphäre und eine gute Beziehungsebene.

Ein weiterer positiver Aspekt offener W-Fragen mit guten Pausen ist die Menge der Informationen, die der Gesprächspartner preisgibt. Im Durchschnitt folgt auf eine offene W-Frage wie: „Was halten Sie von der Entwicklung des Marktes?" eine längere Antwort. Kunden denken nach, reflektieren und erzählen dann in der Regel ihre Sichtweisen und ihrer Meinung. Das erzählen sie meist nur Menschen, die sie fragen. Die Messlatte der Fragerhetorik liegt allerdings höher. Ziel ist, ganze Gespräche zu moderieren, intensiv nachzufragen und durchaus 10, 20, 30 oder mehr Fragen zu stellen. Das können sich die meisten Verkäufer am Anfang kaum vorstellen.

Das Beherrschen offener W-Fragen in Kundengesprächen wird von Topverkäufern vieler großer Unternehmen als Schlüssel zum Kunden und positive „Macht" bezeichnet. Fakt ist: Die Rhetorik der offenen W-Fragen eröffnet oftmals ungeahnte Möglichkeiten, Kunden zu gewinnen und binden.

Wem es gelingt, sich mental mit dem Gedanken anzufreunden, seine natürlichen Bedürfnisse nach Geltung und Kontrolle in Kundengesprächen in den Dienst des Erfolgs zu stellen, der verkauft mehr. Wer bereit ist, dem Kunden ein Maximum an positiven Gefühlen zu vermitteln, wird dafür ein Maximum an Umsatz erzielen. Durch die Steuerung des Gesprächs über die Emotionen Ihres Gesprächspartners behalten Sie die Kontrolle über das Gespräch, obwohl es für Ihr Gegenüber scheint, als hätte er die Kontrolle. Je wichtiger ein Kunde für ein Unternehmen ist, desto wertvoller ist Emotion Selling für diejenigen, die diesen Kunden langfristig für sich gewinnen wollen. Perfekt zu fragen, hat speziell im Key Account Management und in wichtigen Verhandlungen eine sehr große Bedeutung für die erfolgreiche Arbeit mit Kunden.

Nutzen Sie offene W-Fragen mit professionellen Pausen. Als Verkäufer, der fragt, führen Sie aktiv das Gespräch, erfahren viel darüber, was der Kunde denkt, fühlt und will. Der Kunde erlebt Interesse, damit Wertschätzung, fühlt sich gefragt und selbstbestimmt. W-Fragen sind der schnellste Weg zum Umsatz.

Egozentrierte Fragen

Bei egozentrierten Fragen wollen Verkäufer von Kunden etwas wissen. Sie wollen Informationen, die für sie selbst nützlich sind. Ein Beispiel: „Wie viel Budget haben Sie für mein Projekt?" „Was wären Sie bereit, für mich zu tun?" „Wie können Sie mir entgegenkommen?" Verkäufer haben ein natürliches Interesse daran, von Kunden diese und andere Informationen zu bekommen. Beim Kunden ist allerdings die Grenze zum Gefühl: „Ich werde ausgefragt" schnell erreicht. Kunden registrieren unbewusst, dass sie in der Rolle des Informationslieferanten sind. Sie sind nicht mehr im Mittelpunkt. Das Gehirn assoziiert eine Abwertung. Nach wenigen Fragen schon kann unterschwellig ein ungutes Gefühl aufkommen. Kunden bauen emotionalen Widerstand auf. Der kann ihre Entscheidungen direkt beeinflussen.

Unsere Empfehlung: Registrieren Sie sehr bewusst, wann die Zahl der Ego-Fragen eine Grenze überschreitet. Das ist eine Frage des Einfühlungsvermögens. Es ist wichtig, immer wieder zwischendurch kundenzentrierte Fragen zu stellen, bei denen der Kunde merkt, dass er wichtig ist.

Kundenzentrierte Fragen

„Wie geht es Ihnen?", „Was denken Sie über ...?", „Was ist Ihnen wichtig?", „Worauf legen Sie Wert?", „Was erwarten Sie?" usw.

Das Gegenstück zu den egozentrierten Fragen sind die kundenzentrierten Fragen. Kundenzentrierte Fragen, die Wünsche, Ziele, Bedürfnisse, Werte, Vorstellungen, Motive und Erwartungen des Kunden in den Mittelpunkt stellen, sind motivierend und bauen gute Kundenbeziehungen auf. Durch den hohen Grad an Wertschätzung sind sie ein Schlüssel zur bestmöglichen Kundenbeziehung.

Wenn wir Topverkäufer international erfolgreicher Unternehmen trainieren, kommt zu Beginn des Trainings immer wieder die Aussage, man habe schon etliche Seminare zum Thema Fragen absolviert und auch der Begriff „Offene W-Frage" sei nun wirklich nicht neu. Nach den Trainings kommen 90 Prozent der Seminarteilnehmer auf uns zu und erklären, sie hätten nie erwartet, dass Fragen dieser Art so anspruchsvoll und wirkungsvoll sein könnten. Das Gefühl auszuhalten, ständig im Hintergrund zu stehen und scheinbar weich zu sein, anstatt Druck auszuüben, benötigt viel Training, mentale Kompetenz und Disziplin. Das macht den Unterschied zwischen guten und sehr guten Verkäufern aus.

Wer die Bedeutung des Fragens für sich entdeckt hat und sehr viel trainiert, der wird durch kundenzentrierte Gespräche viele Vorteile haben.

Vorteile für den Fragenden

Kundenzentrierte Fragen ...

▶ beherrschen die wenigsten Menschen, sie machen überdurchschnittlich erfolgreich. Sie sind ein echter Wettbewerbsvorteil.

▶ vermeiden Konflikte, Reibungsverluste und negative Reaktionen.

▶ bauen schnell stabile, positive Ebenen und Chemie auf.

▶ geben Kunden ein hohes Maß an Wertschätzung und machen uns für andere wichtig.

▶ ermöglichen uns die Führung und Steuerung des Gesprächs.

▶ bringen uns viele wichtige Informationen über Kaufmotive und Entscheidungsmotive.

Nachteile für den Fragenden

Kundenzentrierte Fragen ...

▶ sind anspruchsvoll zu lernen, weil sie ungewohnt und neu sind.

▶ fordern ständige Konzentration.

▶ gehen anfangs gegen die Natur.

▶ geben das Gefühl der Machtlosigkeit, weil andere die Freiheit der Antwort haben.

▶ können uns verunsichern, weil wir die Antworten nicht einschätzen können.

Checkliste zur Fragerhetorik: Dos and Don'ts

Diese Checkliste hilft Ihnen, Ihre Gespräche mit Kunden zu analysieren:

Dos

▶ Ist es eine offene W-Frage?

▶ Ist es eine kurze Frage? (ca. fünf Wörter)

▶ Ist die Frage positiv gerichtet? (ohne ein negatives Wort)

▶ Löst die Frage positive Assoziationen aus? (Googles, Erinnerungen, „Filme")

▶ Löst die Frage positive Emotionen aus? (durch Google)

▶ Steht der Kunde im Mittelpunkt?

▶ Kommt nach der Frage eine Pause, damit der Kunde sieht, dass Sie sich wirklich für ihn interessieren?

▶ Ist die Redezeit 10 : 90 bzw. 20 : 80?

Don'ts

▶ War es eine Suggestion?

▶ War es eine geschlossene Frage? (sie reduziert die Freiheit der Antwort)

▶ Wurde die Frage gestellt und anschließend weitererzählt bzw. haben Sie sie selbst beantwortet?

▶ War es eine egozentrierte Frage, bei der Sie den Kunden etwas fragen, was Ihnen selbst nutzt?

▶ Kamen mehrere Fragen hintereinander?

▶ Gab es nach der Frage eigene Kommentare und Bewertungen?

▶ War die eigene Redezeit über 20 Prozent?

▶ Standen dahinter Überzeugungen wie: Ich weiß, was andere brauchen und wollen?

Authentizität

Noch ein Wort zur Authentizität. Wenn man Menschen fragt, was sie an Geschäftspartnern, Verkäufern etc. beeindruckt oder was sie sogar von ihnen erwarten, dann steht Authentizität bei den Antworten ganz weit oben. Doch was bedeutet überhaupt authentisch sein? Wie wird man authentisch? Inwiefern kann man Authentizität lernen? Die Grundvoraussetzung für Authentizität besteht in der Übereinstimmung von Einstellungen, Sprache und Körpersprache. Authentizität kommt von Training. Wer etwas tausendmal gemacht hat, automatisiert Prozesse, gewinnt Sicherheit und macht es dann authentisch. Es sei darauf hingewiesen, dass Authentizität nicht zwangsläufig positiv bewertet wird. Was nutzt es einem, authentisch zu sein, wenn jemand, weil er es lange gelernt und gelebt hat, negativ assoziierte und egozentrierte Gespräche führt? Wenn er überredet statt zu überzeugen?

Mentale Blockaden

Warum tun sich einige Verkäufer leichter, Fragen zu stellen und den Kunden in den Mittelpunkt zu stellen, als andere? Die Antwort ist in der mentalen Kompetenz des Fragenden zu suchen. Wer mental trainiert ist oder von zu Hause die richtigen Einstellungen zu sich selbst mitbekommen hat, der hat genügend Mut und Selbstwertgefühl, um Fragen zu stellen und mit der breiten Spanne möglicher Kundenreaktionen zu leben. Natürlich können Kunden unerwartet reagieren oder Antworten geben, die uns nicht gefallen. Ein Beispiel: „Wie sehen Sie unsere Zusammenarbeit?" Was ist, wenn ein Kunde jetzt kritisch antwortet: „Ich sehe viel Verbesserungsbedarf."

In unseren Seminaren hören wir häufig folgendes Argument: „Was tue ich, wenn ich den Kunden frage, was er sich vorstellt, und er fordert Dinge, mit denen ich nicht dienen kann?" Hier lassen sich einige Blockaden erkennen, wenn es darum geht, Fragen zu stellen: Es sind gelernte Ängste, z. B. Angst vor Ablehnung, vor negativen Reaktionen des Kunden, vor dem „Nein", vor negativen Konsequenzen, vor

Konfrontation oder vor Kritik. Intuitiv vermeiden wir deshalb Fragen als emotionales „Risiko". Wir tauschen Sicherheit gegen weniger Erfolg.

Mit neuen Methoden des mentalen Trainings lassen sich diese Blockaden heute schnell abbauen.

Dimension 6: Wertschätzende Pause: Die Respektpause

Die Pause ist ein rhetorisches Mittel, dessen Wichtigkeit und Durchschlagskraft beeindruckend ist. Pausen stehen für Respekt, Zuhören und Aufmerksamkeit. In der Praxis machen Verkäufer jedoch deutlich zu wenig und zu kurze Pausen. Weniger als fünf Prozent der Verkäufer nutzen sie. Sei es, weil sie Zeitdruck haben, Pausen nicht für wichtig halten oder sie Stille unangenehm finden. Dabei klingt es so leicht: Stelle eine Frage und sage mehrere Sekunden lang nichts. Wenn ein Kunde dann seine Antwort gegeben hat, schweige weiter. Die Wirkung ist verblüffend. Pausen sind exzellente Kommunikation.

Pausen ergänzen offene W-Fragen um einen Aspekt, der genauso wichtig ist wie die Frage selbst: Zeit. Zeit für den Kunden zum Nachdenken, über seine Meinung, seine Vorstellungen, Motive und Entscheidungen – über alles Wichtige. Zeit für den Kunden zu realisieren, dass er bei dem Gespräch im Mittelpunkt steht. Zeit, die dem Kunden zeigt, wie wichtig seine Meinung ist. Letzten Endes Zeit, in der Sie mehr wichtige Informationen vom Kunden bekommen.

Seminarteilnehmer berichten erstaunt davon, dass der Übungspartner während der bewussten Pause immer wieder neu ansetzt und weitererzählt. Ebenso erzählt der Übungspartner, wie ruhig und entspannt plötzlich ein Gespräch ist. Das Wohlbefinden ist hoch, die Gesprächsatmosphäre gut.

Das gilt sowohl für die Pause nach der gestellten Frage als auch für die Pause nach der Antwort des Kunden. Dieser denkt weiter nach, während er seine Antwort gibt. Die Assoziationen seiner Antworten lösen neue Ideen und Denkansätze aus, die er in der Pause nach seiner Antwort strukturiert und bei ausreichend Zeit häufig auch formuliert. Lässt man die Pause weg und stellt sofort die nächste Frage, verwirft der Kunde möglicherweise seine Gedanken und die Informationen.

Wie genau die optimale Pause aussieht, ist situationsabhängig. Mal ist sie drei Sekunden und in einer anderen Situation sieben Sekunden lang. Wer Spaß daran hat, mit Pausen zu spielen und sie einfach einmal einzusetzen, der wird nach ein paar Versuchen wissen, welche Situationen wie viel Pause brauchen.

Das negative Gefühl in Pausen kommt zu einem erheblichen Teil aus unserer Sozialisierung. Wir empfinden Redepausen und Stille als eine Störung in der Kommunikation. Wenn Gesprächspartner schweigen, haben sie sich nichts zu sagen, finden sich uninteressant und sind froh, wenn beide Parteien wieder getrennte Wege gehen. Diese Aspekte unserer Sozialisierung gilt es durch Pausentraining auszugleichen. Wenn wir Pausen nicht beherrschen und einsetzen, landen wir gleich mehrere Treffer im System des Kunden, die uns weniger sympathisch erscheinen lassen. Weil wir die Stille überwinden wollen, reden wir meistens selbst. Nicht nur, dass wir dem

Kunden seine Bühne verkleinern, die er nutzen könnte, um sich zu präsentieren, wir betreten diese Bühne auch noch selbst und schleichen uns in den Mittelpunkt.

Emotion-Selling-Tipps:

▶ Betrachten Sie aktive Pausen als Respekt und Interesse am Kunden.

▶ Betrachten Sie das Fehlen von Pausen als Desinteresse am Kunden.

▶ Nutzen Sie Pausen, wenn Sie selbst eine Frage gestellt haben und nach den Antworten der Kunden.

▶ Machen Sie Pausen von drei bis sieben Sekunden Länge.

▶ Trainieren Sie die Erfahrung, dass andere immer mehr erzählen, je länger Sie die Pause machen. Handeln Sie gegen Ihr Gefühl.

Systematisch zum Ziel: Die sechs Phasen des Verkaufsgesprächs mit Emotion Selling verbessern

Ein Verkaufsgespräch besteht aus sechs Phasen: Eröffnung, Bedarfsermittlung, Information bzw. Präsentation, Nutzenargumentation, mögliche Einwände des Kunden entkräften, um dann letztendlich zum Abschluss zu kommen.

Wichtig zu nennen ist hier noch die mentale Kompetenz als eine der wesentlichen Voraussetzungen für Erfolg im Verkauf. Mentale Kompetenz heißt: Welche Einstellungen braucht ein Verkäufer, um gern zu verkaufen, um wirklich authentisch und wertschätzend auf den Kunden einzugehen, um sicher die Abschlussfragen zu stellen oder um zu den Topverkäufern zu gehören?

Dieses Gerüst wird gefüllt mit den neuen Qualitätsstandards, die wir aus der Neurokommunikation ableiten und die insbesondere durch den SAI – Sales Attractiveness Index zum Teil schon beschrieben wurden.

Zu jeder Phase des Verkaufsgesprächs kann sowohl der Verkäufer für sich als auch die Führungskraft für ihre Verkäufer einen Index ermitteln. Das heißt, es kann jederzeit strukturiert eingeschätzt werden, in welcher Qualität und mit welcher Überzeugungsfähigkeit jemand ein Verkaufsgespräch führt. Somit ist es möglich, die Qualität von Verkaufsgesprächen systematisch zu ermitteln und gegebenenfalls Weiterbildungsmaßnahmen abzuleiten.

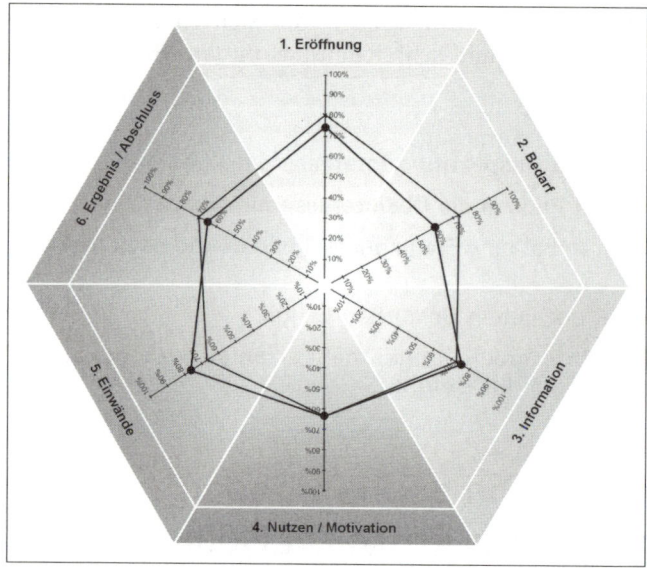

- Selbsteinschätzung
- × Fremdeinschätzung

Abbildung 26: Die sechs Phasen eines Verkaufsgesprächs

© Copyright, 2003, Bittner

1. Die motivierende Eröffnung (Das Beziehungsgespräch)

Die Eröffnung reicht vom kurzen „Guten Tag" bis zum Aufbau eines positiven Erstkontaktes zu wichtigen Kunden, von dem sehr viel Erfolg und Geld abhängt. Ob Kontakte erfolgreich sind und eine Beziehungsebene daraus entsteht, hängt von den ersten Eindrücken, Worten und Sekunden ab. Jetzt entscheidet sich, ob jemand die nötigen Fähigkeiten gelernt hat und sich zutraut, jeden Menschen direkt anzusprechen.

Gerade gute Verkäufer sagen immer wieder: „Verkauft wird nicht das Produkt, sondern ein gutes Gefühl. Topverkäufer verstehen es ganz besonders, dieses gute Gefühl beim Kunden zu erzeugen." Das klingt eigentlich ganz einfach und logisch. Doch wie stellt man ein gutes Gefühl beim Gesprächspartner her? Wie eröffnet man ein Gespräch wirklich kundenzentriert und wertschätzend? Wie schafft man eine gute Beziehungsebene?

Verkäufer lernen in herkömmlichen Verkaufsseminaren, dass sie zu Beginn eines Gesprächs möglichst etwas Positives sagen sollen. Was passiert dann nur allzu häufig? Die Verkäufer verwenden auswendig Gelerntes oder Floskeln, bei denen der Kunde sofort merkt, dass sie weder authentisch sind noch aus echtem Interesse kommen.

Eine weitere leider weit verbreitete Unart, die viele Sympathiepunkte kostet, ist, als Verkäufer Fragen zu stellen und dem Kunden keine Zeit zu lassen, diese auch zu beantworten. Ein Beispiel: „Wie geht es Ihnen? Ich habe Ihnen heute etwas Neues mitgebracht. Das wird Sie interessieren. Sie kennen doch ... und da haben wir ... und das Gute ist, dass ich Ihnen jetzt ... damit Sie ..." Wie ernst und wichtig genommen fühlt sich hier der Kunde, der keine Zeit hatte, die Frage zu beantworten? Wäre der Außendienstmitarbeiter wirklich an einer Antwort interessiert gewesen, hätte er nach seiner Frage gewartet und dem Kunden zugehört. So war es nur eine Phrase und das kommt gar nicht gut an.

Die Folge: Der Kunde zieht Sympathiepunkte ab. Weiterhin ist hier die Frage gestattet: Warum nimmt der Außendienstmitarbeiter an, dass es den Kunden überhaupt interessiert, dass er etwas Neues dabei hat? Hier wäre die bessere Alternative etwa folgende Frage gewesen: „Ich habe etwas Neues bezüglich XY dabei. Möchten Sie, dass ich Ihnen dies kurz vorstelle?" Holen Sie sich die Zustimmung, das Commitment des Kunden ab und Sie haben einen aufmerksamen Zuhörer.

Für erfolgreiche Eröffnungen und den Aufbau von Kontakten und Beziehungen wurden innovative Gesprächsarten entwickelt. Beispiele sind Wellnessgespräche und Businessgespräche. Damit bekommen Sie auch zu solchen Kunden Kontakt, die sich ihre Partner gezielt auswählen.

Wellnessgespräche

Das Ziel ist, Kunden ein maximal gutes Gefühl zu vermitteln. Wie müsste eine Gesprächsführung sein, die das ermöglicht? Kunden suchen und lieben diese Art von Gespräch. Sie benötigt jedoch viel Können und Kontrolle. Hier sind einige Regeln aus der Neurokommunikation:

▶ Nutzen Sie offene W-Fragen, positive Wortwahl und professionelle Pausen.

▶ Vermeiden Sie es, von sich zu erzählen. Wer weiß, ob es Kunden interessiert.

▶ Lenken Sie das Gespräch auf Themen, die bei Kunden positiv assoziiert sind. Das reicht von Urlaub, Hobbys, Genießen, Essen bis hin zu guten Ergebnissen im Geschäft, Erfolgserlebnissen im Beruf, positiven Zielen und Vorstellungen.

▶ Eröffnen Sie grundsätzlich mit speziellen offenen W-Fragen, die bei Kunden positive Assoziationen auslösen. Beispiel: „Wie geht es Ihnen? Was gibt es Gutes? Was macht die Freizeit? Was macht das Hobby?" usw.

▶ Dann beginnt die Kunst. Führen Sie Kunden in ihrem Kopf durch ihre positiven Erlebnisse. Das gelingt durch immer weitere Fragen. Es können bis zu 20 sein.

▶ Wird das nicht nach wenigen Fragen zudringlich? Im Gegenteil. Kunden reagieren mehr als positiv. Diese Art der Gesprächsführung ist so selten und exklusiv, dass sie es genießen. Voraussetzung ist, die Spielregeln einzuhalten.

▶ Merken Sie sich, während Sie aktiv zuhören, alles, was Kunden positiv erwähnen, was ihnen Spaß macht, und knüpfen Sie mit der nächsten Frage genau da wieder an.

▶ Wir empfehlen, in der gesamten Zeit wenig zu sagen, um dem Kunden alle Aufmerksamkeit zu geben.

Wellnessgespräche sind die wohl erfolgreichste Art, Beziehungen aufzubauen und zu erhalten.

Businessgespräche

Businessgespräche verlangen von Key Accountern, Verkäufern und Beratern ein noch höheres Kompetenzlevel als Wellnessgespräche. Wer diese Kunst beherrscht, ist für Kunden ein sympathischer, interessanter und kompetenter Gesprächspartner. Ziel dieses Gespräches ist, sich mit dem Kunden auf eine respektvolle und wertschätzende Art und Weise über sein Geschäft bzw. seinen Job, über seine Erfolge, Ziele und Strategien zu unterhalten. Beim Businessgespräch handelt es sich – wie der Name schon sagt – um ein Gespräch, bei dem es nur um geschäftliche bzw. wirtschaftliche Inhalte geht. Der Vorteil ist, dass der Key Accounter, Verkäufer bzw. Berater eine Gesprächsebene nutzt, die nur sehr wenige professionell beherrschen. Dadurch wird er zu einem sehr wichtigen Gesprächspartner. Die Gesprächsatmosphäre ist zugleich angenehm und businessorientiert. Der Kunde fühlt sich wohl, öffnet sich, und der Verkäufer erhält neben einer guten Sympathieebene viele wertvolle Informationen, um den Kunden bestmöglich zu bedienen. Das schafft einen großen Vorsprung vor der Konkurrenz.

Ausgewählte Businessfragen:

Markt:	Wie sehen Sie den Markt?
Ziele:	Was sind Ihre Ziele?
Erwartungen:	Was erwarten Sie?
Strategien:	Welche Strategien haben Sie?
Entwicklungen:	Wie schätzen Sie die Entwicklung ein?
Chancen/Risiken:	Wo sehen Sie Chancen? Welche Chancen sehen Sie?
Projekte:	Welche Projekte sind Ihnen am wichtigsten?
Maßnahmen:	Wie wollen/werden Sie vorgehen?
Vorteile:	Was versprechen Sie sich davon? Was gewinnen Sie ...?

 Emotion-Selling-Tipps:

▶ Vermeiden Sie negative Eröffnungen wie zum Beispiel: „Ist das nicht ein furchtbares Wetter?". Negative Themen bringen Kunden sofort in eine negative Emotion. Wie Sie es schon vom Google-Verkaufen kennen, würde jetzt das Wort „schrecklich" mit Ihnen, mit dem Produkt und dem Unternehmen assoziiert, und entsprechend der ausgelösten negativen Emotionen werden Sie negativ im Kopf des Kunden abgespeichert. Ein No-go, wenn Sie eine gute Beziehungsebene aufbauen wollen.

▶ Nutzen Sie auch schon zur Eröffnung eines Gesprächs offene, positiv gerichtete W-Fragen wie zum Beispiel: „Was gibt es Gutes?", „Wie war Ihr Urlaub?", „Was hat Ihnen am besten im Urlaub gefallen?" oder „Was hat Ihnen in der Produktanwendung am meisten zugesagt?".

▶ Bleiben Sie angemessen lange an einem Thema, von dem Sie merken, dass der Kunde gern darüber spricht. Wenn er begeistert über Briefmarken, Segeln oder seine Familie redet, dann lassen Sie ihn erzählen. Fragen Sie nach und hören Sie gut zu. Aber Achtung: Hier gilt es, die Kunst der kundenzentrierten Fragen zu nutzen, nicht, sich durch egozentrierte Fragen selbst schlau zu fragen!

► Behalten Sie immer die Verteilung von Master- und Wertgefühl im Auge. Die zentrale Frage ist: Hat mein Gesprächspartner zu jeder Zeit ein Master- oder Wertgefühl und vermeide ich es, bei ihm ein Ohnmachts- oder Minderwertgefühl auszulösen?

2. Die professionelle Bedarfsermittlung

Wie erfragen Sie die Bedürfnisse von Kunden präzise und vollständig, um die Abschlussquote zu erhöhen und die Stornoquote zu senken? Unternehmen und Verkäufer bauen mit viel Arbeit, Zeit und Geld Präsentationen, Argumentationen und Serviceleistungen auf, um Kunden zu gewinnen, zu motivieren und an sich zu binden. Das ist aus unserer Sicht wichtig und professionell. Der Anspruch sollte sein, sie situativ und bedarfsgerecht einzusetzen. Doch hierzu müssen wir die Bedürfnisse von Kunden so umfassend wie möglich kennen. Folglich ist eine professionelle Bedarfsermittlung erforderlich, die in der Regel viel detaillierter ist als bisher. Ziel ist, über den Bedarf an Produkten oder Leistungen hinaus die Vorstellungen, Erwartungen und Ziele des Kunden sowie vor allem seine Kaufmotive zu erfahren.

Die Methoden dazu sind: 1. die horizontale und vertikale Bedarfsermittlung und 2. die multidimensionale Bedarfsermittlung mit einem 360°-Instrument. Diese wird beispielsweise im Key Account Management eingesetzt. Die Investition an Zeit in eine effektive Bedarfsermittlung kann in vielen Kundengesprächen die am besten investierte Zeit überhaupt sein.

Doch vorher ein Beispiel. Das **Prinzip der Kongruenz:** Der größte Erfolg in der Verkaufskommunikation entsteht dann, wenn es gelingt, mit einer professionellen Bedarfsermittlung herauszufinden, was Kunden wollen, und ihnen genau diesen Willen zu erfüllen. Ziel von Verkäufern sollte also sein, mit möglichst wenig Aufwand möglichst viele Bedürfnisse, Ziele und Erwartungen von Kunden zu treffen. Durch wenige, effektive Fragen sparen sich Verkäufer viel Zeit im Kundengespräch und erreichen eine hohe Kundenzufriedenheit.

Lassen Sie uns dieses Prinzip der Kongruenz von Bedürfnissen an einem einfachen Beispiel erläutern. Angenommen, Sie gehen in ein Restaurant. Angenommen, Sie haben Appetit auf ein schönes Steak. Angenommen, der Inhaber hätte die gut gemeinte Angewohnheit, Sie über sein Angebot und seine Möglichkeiten umfassend zu informieren. Stellen Sie sich vor, er würde Ihnen deshalb anfangs seine Speisekarte vorstellen und darüber informieren, dass er hausgemachte Nudeln, spezielle Pizza, frische Fischsuppe, vegetarische Gemüseplatten und vieles andere anbieten kann.

Wie viel Aufwand betreibt er, wie viel Zeit investiert er, um an Ihrem Bedürfnis vorbei zu verkaufen? Wie effektiv wäre es gewesen, Ihre Bedürfnisse mit einigen wenigen – allerdings gekonnten und den genau richtigen – Fragen zu ermitteln? „Was möchten Sie essen?" – Dieses einfache Fragen, das wir täglich in Restaurants hören, sollte ein Grundprinzip der Kommunikation mit Kunden werden. Diese Methode nennen wir **kongruentes Verkaufen**. Bedarf und Kommunikation stimmen überein.

Die horizontale und vertikale Bedarfsermittlung

Das Ziel ist, ein ausführliches Bedarfsinterview zu führen und den Bedarf auf verschiedensten Ebenen möglichst vollständig zu ermitteln (Vorstellungen, Erwartungen, gewünschte Produkteigenschaften usw.). Die Bedarfsermittlung bietet die Möglichkeit, die eigenen Interessen mit den Emotionen des Kunden zu verbinden. Wie gelingt es Ihnen, die Könige im Kopf des Kunden zu begeistern und gleichzeitig selbst möglichst zu profitieren? Die Antwort lautet: Stellen Sie offene W-Fragen, die zum einen horizontal (in die Breite) bzw. vertikal (in die Tiefe) gerichtet sind.

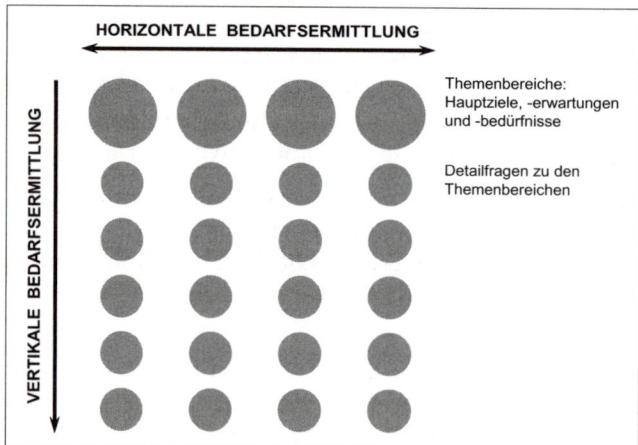

Abbildung 27: Professionelle Bedarfsermittlung, horizontal und vertikal

Methode

Horizontale Fragen sind genereller Natur, wie zum Beispiel: „Worauf legen Sie Wert?", „Was ist Ihnen wichtig?", „Worauf kommt es Ihnen an?", „Wie stellen Sie sich das vor?", „Was stellen Sie sich genau vor?", „Was soll das Ergebnis sein?", „Was heißt das im Einzelnen?", „Was ist Ihre Idee?". Stellen Sie „Was noch?"-Fragen wie: „Was ist Ihnen noch wichtig?" oder „Worauf legen Sie darüber hinaus Wert?".

Vertikal gerichtete Fragen hingegen beziehen sich auf den Inhalt dessen, was der Kunde geantwortet hat.

Ein Beispiel:

Verkäufer: „Worauf legen Sie in der Zusammenarbeit mit mir Wert?" (horizontal)

Kunde: „Auf vieles, vor allem auf die Qualität der Produkte und guten Service."

Verkäufer: „Darf ich fragen, was genau Ihnen an Serviceleistungen wichtig ist?" (vertikal)

Dabei steuern Sie zwar die Richtung des Gesprächs, der Kunde jedoch den Inhalt. So behält er sein Mastergefühl, und Sie erfahren detailliert, was er möchte.

Die Qualität der Bedarfsermittlung hängt direkt damit zusammen, wie konsequent, eher noch diszipliniert, der Verkäufer seine Fragen stellt. Wie lange stellt ein Verkäufer diese Bedarfsfragen? Der Verkäufer stellt so lange Bedarfsfragen, bis der Kunde kommuniziert, dass alles gesagt ist.

Fazit: Häufig fällt auf, dass Verkäufer nur auf eine Möglichkeit warten, ihre Botschaften abzusetzen. Heute wissen wir, wie essenziell dieses ausführliche Fragen sowohl für die langfristige Beziehungsebene und für das Wissen des Verkäufers um die Wünsche und Erwartungen des Kunden ist als auch für die Kaufmotivation des Kunden. Unterm Strich bedeutet das: Erfragen Sie die Wünsche des Kunden konsequent und intensiv und profitieren Sie von Wissensvorsprung, Zeit- und Sympathiegewinn.

Verkäufer, die die Phase der Bedarfsermittlung unterschätzen, weil sie meinen zu wissen, was Kunden wollen, erreichen genau das Gegenteil. Am Beispiel eines Restaurants lässt sich gut nachvollziehen, was gemeint ist. Wenn wir essen gehen, erwarten wir eine Karte, aus der wir auswählen, wonach uns der Sinn steht. Wir wissen lediglich, *dass* wir essen wollen, häufig jedoch noch nicht *was*. Ein Kellner, der uns ungefragt etwas serviert, hat wohl eine Chance von 1 : 100, dass er unseren Geschmack trifft. Zumal wir selbst nicht ohne die Karte wüssten, was wir möchten. Verabschieden Sie sich deshalb von der Illusion, dass Sie wissen, was das Interessanteste für den Kunden ist – und verlassen Sie sich stattdessen auf Fakten.

Emotion-Selling-Tipps:

- ▶ Führen Sie am besten einen intensiven Dialog.
- ▶ Stellen Sie geduldig viele präzise offene W-Fragen.
- ▶ Beziehen Sie Fragen wenn möglich auf die Antworten der Kunden.
- ▶ Nutzen Sie die Respektpausen (drei bis sieben Sekunden) und lassen Sie Ihren Gesprächspartnern viel Zeit zum Nachdenken. Das ist gerade bei diesen Fragen sehr wichtig.
- ▶ Nutzen Sie wertschätzende Weichmacher („Darf ich Sie fragen ...?"), um mehr zu erfahren und respektvoll zu sein.
- ▶ Intensiv nach den Wünschen und den Bedürfnissen zu fragen, ist an sich wertschätzend und zeigt besonderes Interesse.
- ▶ Ermitteln Sie den Bedarf horizontal und vertikal. – Fragen Sie, was dem Kunden generell wichtig ist (horizontal), und erfragen Sie zu jedem dieser Punkte, was ihm im Einzelnen wichtig ist (vertikal).
- ▶ Fragen Sie so lange, bis der Kunde kommuniziert, dass alles gesagt ist.
- ▶ Verabschieden Sie sich konsequent von der Illusion: „Ich sehe Kunden an, was sie gerade möchten." – Das ist ausgeschlossen.

Bedarfsermittlung als Baustein des Targeted Selling:
Die beste Abschlussvorbereitung

In den unendlichen Tiefen des Neuronetzwerks im Kopf des Kunden liegen seine Wünsche, Bedürfnisse, Ziele, Erwartungen und Vorstellungen, die ihm häufig selbst nicht klar sind. Sie sind extrem individuell und auch situativ.

In der Realität sieht die Bedarfsermittlung oft so aus, dass sie sich auf ein bis zwei Fragen reduziert, weil angenommen wird zu wissen, was der Kunde will. Das Targeted Selling beschäftigt sich exakt mit diesem Phänomen. Mit Target sind in diesem Fall die Wünsche, Bedürfnisse und Motive des Kunden gemeint, die in seinem Kopf die größtmögliche Kaufmotivation auslösen. Diese in der Bedarfsermittlung in Erfahrung gebrachten Targets bilden die Basis für sämtliche Folgephasen des Verkaufsgesprächs. Die Bedarfsermittlung kann man mit dem Einstellen eines Navigationssystems vergleichen. Die Chance, ans Ziel zu gelangen, ist viel größer, je

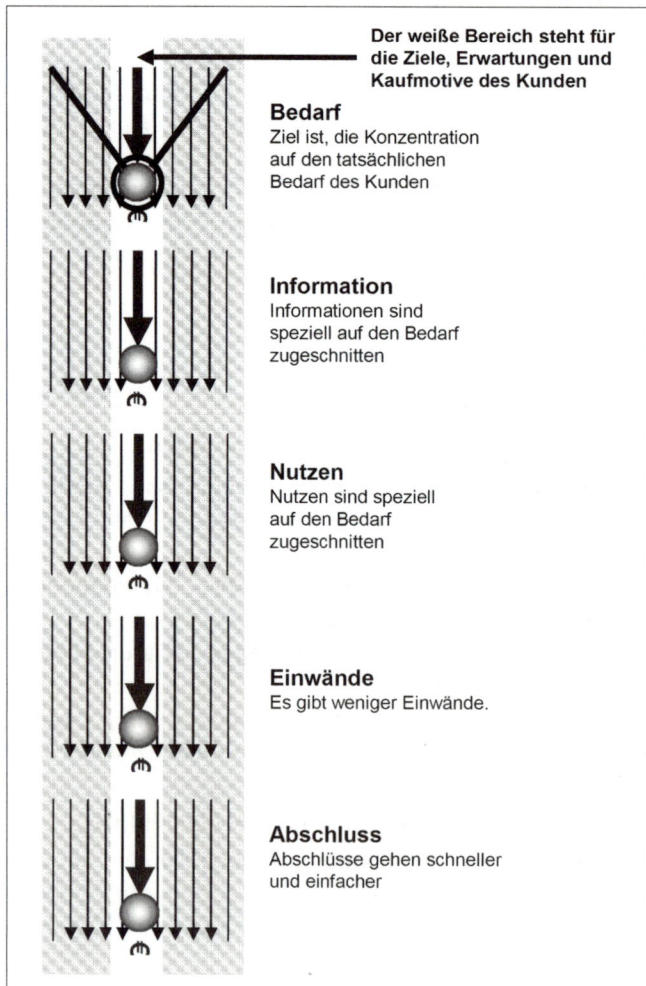

Der weiße Bereich steht für die Ziele, Erwartungen und Kaufmotive des Kunden

Bedarf
Ziel ist, die Konzentration auf den tatsächlichen Bedarf des Kunden

Information
Informationen sind speziell auf den Bedarf zugeschnitten

Nutzen
Nutzen sind speziell auf den Bedarf zugeschnitten

Einwände
Es gibt weniger Einwände.

Abschluss
Abschlüsse gehen schneller und einfacher

Abbildung 28: Targeted Selling

mehr Sie über dieses Ziel wissen. Kennen Sie das Land? Die Stadt, die Straße und sogar die Hausnummer? Dann haben Sie die Möglichkeit, den direkten Weg zu nehmen. Wenn Sie wissen, auf welche Produkteigenschaften Ihr Kunde besonderen Wert legt, dann können Sie Ihren Schwerpunkt in der Informationsphase anpassen, Ihre Nutzen entsprechend wählen, sich auf mögliche Einwände sehr genau vorbereiten und kommen letztlich zum erfolgreichen Abschluss.

Wird während der Bedarfsermittlung ein wichtiges Target nicht identifiziert, besteht die Möglichkeit, dass die Kaufmotivation am Ende nicht ausreicht. Ohne die Motive und Erwartungen von Kunden zu analysieren, ist die anschließende Information des Kunden Zufall oder mit hohen Streuverlusten verbunden. Nur ein kleiner Teil der Information trifft die Motive. Der andere Teil geht vorbei, kostet Zeit und macht Kunden unzufrieden, weil sie sich Dinge anhören, die sie wenig interessieren.

Wer den Bedarf seines Kunden ausgiebig erfragt, ebnet den Weg für erfolgreiche Verkaufsgespräche mit Abschlüssen als Win-win-Situationen.

3. Das kundenzentrierte Informationsgespräch/die kundenzentrierte Präsentation

Jetzt sind Sie an einem Punkt im Gespräch angekommen, an dem der Kunde gern über das Produkt oder eine Leistung bzw. Service informiert werden möchte. Noch bevor Sie in diesen Teil des Gesprächs einsteigen, gibt es schon die erste Chance, weitere Beziehungspunkte zu sammeln. Für den Einstieg in diese Phase gibt es genau zwei Möglichkeiten: Entweder fordert der Kunde Sie auf, ihm Informationen über das Produkt oder den Service zu geben, oder Sie fragen ihn. Bestätigt er Ihre Frage, die zum Beispiel lautet könnte: „Möchten Sie über XY etwas wissen?" mit „Ja", dann können Sie in die Informationsphase einsteigen. Auch hier geben Sie durch die Frage dem Kunden wieder ein Master- bzw. Wertgefühl. Sie reagieren auf sein Anliegen. Er will Informationen. Sie geben ihm die Informationen. Jetzt werden die eingefleischten Verkäufer innerlich aufschreien und monieren, dass sie doch ihre Produktbotschaften absetzen müssen. Dazu möchte ich Folgendes sagen: Natürlich besteht die Gefahr, dass er in diesem Moment nein sagt, dennoch haben Sie sozusagen gewonnen. Es ist immer besser, den Kunden auch hier in den Mittelpunkt zu stellen und seinem Wunsch zu entsprechen, als unbedingt seine Produktinformationen und Botschaften loswerden zu wollen. Die Informationen müssen, damit sie auch wirklich angemessen wahrgenommen werden, auf fruchtbaren Boden fallen. Das bedeutet, der Kunde muss offen für die Informationen sein. Öffnen Sie den Kunden deshalb erst durch eine Frage. Setzen Sie die Informationen – seien sie auch noch so interessant – erst ab, wenn der Kunde bereit dafür ist. Selbst wenn Sie sie in diesem Moment nicht absetzen können, haben Sie Beziehungspunkte gesammelt, die Gold wert sind.

Sagt der Kunde Ja auf Ihre Frage: „Möchten Sie etwas über XY wissen?", haben Sie sein Commitment abgeholt und können (fast) ungebremst loslegen. Ein Commitment abzuholen bedeutet, dass Sie den Kunden ernst nehmen und seine Wünsche respektieren. Warum können Sie nur „fast" loslegen? Auch hier gilt wieder die Devise: Stellen Sie den Kunden in den Mittelpunkt und geben Sie ihm nur die Informationen, die er haben möchte. Deshalb haben Sie zuvor seinen Bedarf abgefragt.

In der Kürze liegt die Würze. Weniger ist oft mehr. Sie befinden sich zwar in der Informations- und Präsentationsphase, in der es durchaus normal ist, dass sich hier die Gesprächsanteile umkehren, das heißt, es ist normal, dass zu rund 80 Prozent der Verkäufer redet und nur zu rund 20 Prozent der Kunde. Aber Sie befinden sich immer noch in einem Dialog und führen deshalb keine langen Monologe. Bleiben Sie immer nah am Kunden und an seinen Bedürfnissen. Informationsphasen werden für den Kunden lang, wenn er entweder das Bedürfnis hat, sich jetzt wieder selbst einzubringen, er dies aber aus Höflichkeit nicht macht oder er sich durch ein Zuviel an Informationen überfordert fühlt. Die Folge: Er schaltet innerlich ab. Informieren Sie ihn deshalb anschaulich und auf den Punkt. Ein wichtiges rhetorisches Hilfsmittel, um wirklich kundenzentriert und schnell zu sein, sind die Compliance-Fragen.

Compliance-Fragen: Fragen Sie den Kunden immer wieder, während Sie ihn informieren, das Produkt oder den Service vorstellen, was er darüber denkt. Holen Sie ihn immer wieder mit ins Boot. So schauen Sie, ob Ihr Kunde, bildlich gesprochen, überhaupt noch mit Ihnen im Boot sitzt oder nicht schon beim letzten Argument ausgestiegen ist. Fragen Sie ihn: „Wie sehen Sie das?", „Was denken Sie?", „Wie beurteilen Sie das?" oder „Was ist Ihre Meinung dazu?".

Glaubwürdigkeit und Vertrauen: Wie entsteht Glaubwürdigkeit? Wie erhält der Kunde das Gefühl, dass er Ihnen vertrauen kann und dass Sie ihn wirklich gut beraten? Glaubwürdigkeit hat mit Authentizität und natürlich mit einem guten Produkt oder einem guten Service zu tun. Dass Sie ein gutes Produkt verkaufen oder einen guten Service anbieten, davon gehen wir aus. Glaubwürdigkeit und Vertrauen entstehen, wenn der Verkäufer die Kunst beherrscht, sich in den Kunden hineinzuversetzen. Topverkäufer realisieren sehr genau, wann sich der Kunde wohl fühlt und wo seine Bedürfnisse sind. Sie sind sozusagen Emotions- und Bedürfnismanager. Diese Topverkäufer genießen unter anderem deshalb das Vertrauen des Kunden, weil sie auch mal etwas für den Kunden tun, ohne eine Gegenleistung zu verlangen, weil der Kunde auch mal einen Ratschlag bekommt, der nur ihm etwas bringt, und weil der Verkäufer ehrlich versucht, die für den Kunden beste Lösung zu finden. Fühlen sich Kunden ehrlich beraten, steigt die Zufriedenheit und damit die Bereitschaft, das Produkt oder die Dienstleistung zu kaufen.

Überzeugend präsentieren: Um möglichst überzeugend zu sein, empfehlen wir, Präsentationsunterlagen wie Handouts, Powerpoint-Präsentationen, Broschüren oder sonstiges Informationsmaterial für den Kunden mit dem SEDI auf Überzeugungskraft zu überprüfen. Tauschen Sie konsequent Wörter und Formulierungen aus, die negativ sind, ersetzen Sie diese durch positiv assoziierte Wörter und Formulierungen. Informieren Sie den Kunden ehrlich, aber versuchen Sie, die Information emotional positiv zu verpacken. Ein Beispiel: So könnte aus: „Unser Medikament XY lässt Sie nicht allein" die emotional wesentlich attraktivere Produktbotschaft werden: „Unser Medikament XY ist in allen Lebenslagen für Sie da" oder „Unser Medikament XY lässt Sie das Leben mehr genießen" oder „XY – genießen Sie das Leben". Nutzen Sie das Google-Verkaufen.

Im zweiten Schritt überprüfen Sie alle Materialien noch einmal auf die Wertigkeit der Nutzenargumente mit Hilfe des Emotion Benefit Index (EBI), der auf den folgenden Seiten vorgestellt wird. Fragen Sie sich: Sind die Nutzen klar und leicht verständlich formuliert, sind dies wirklich die Nutzen, die der Kunde hören muss, um zu kaufen? Und vor allem: Sind die Nutzen für den Kunden wirklich emotional attraktiv formuliert?

Emotion-Selling-Tipps:

▶ Um die Informations- und Präsentationsphase ebenso kundenzentriert gestalten zu können, ist eine gekonnte Bedarfsermittlung Voraussetzung. Halten Sie sich an die Zielvorgaben des Kunden und Sie überzeugen in kürzester Zeit. Das Zauberwort heißt: Targeted Selling.

▶ Beschränken Sie sich auf das Wesentliche: In der Kürze liegt die Würze.

▶ Stellen Sie immer wieder Compliance-Fragen, so bleibt der Kunde im Boot.

▶ Nutzen Sie die Überzeugungskraft des Google-Verkaufens.

▶ Überprüfen Sie alle Materialen, mit denen der Kunde in Berührung kommt, mit SEDI und dem Emotion Benefit Index (EBI).

4. Hochwertige Nutzen: Vom Egonutzen zum Kundennutzen

Der Emotion Benefit Index (EBI)

Ein Geheimnis, warum Emotion Selling so erfolgreich ist, ist, dass es ganz konsequent den Kunden in den Mittelpunkt stellt – immer. Jedem Verkäufer muss bewusst sein, dass sich Kunden nur für ihre Nutzen interessieren. Der Kunde fragt sich zu jeder Zeit im Verkaufsgespräch: Was habe ich von dem, was der Verkäufer mir gerade erzählt? Interessiert mich das? Der Kunde möchte nur das erfahren, was ihn interessiert. Da können die allgemeinen Produktnutzen noch so vielfältig, besonders und interessant sein. Der Kunde sucht eine Lösung für ein Problem mit *seinen* Anforderungen. Und genau das wird er auch nur kaufen. So anspruchsvoll kundenzentrierte Nutzen zu formulieren sind, so wirkungsvoll sind sie.

Die Bedarfsermittlung ist die Voraussetzung dafür, dass Sie als Verkäufer nicht nur einfach die Vor- und Nachteile von unterschiedlichen Produkten monologisch vorstellen, sondern dass Sie dem Kunden die Produkte so kundenzentriert präsentieren, dass sie in dessen Welt passen. Nehmen wir einmal an, die Bedarfsermittlung ist erfolgreich abgeschlossen und die kundenzentrierte Nutzenargumentation kann beginnen.

Kunden kaufen emotionale Nutzen, die sie berühren. Kunden kaufen das gute Gefühl. Die Qualität der Nutzenargumente hat einen entscheidenden Einfluss auf den Erfolg von Verkaufsgesprächen. Dazu haben wir den Nutzen-Index (Emotion Benefit Index – EBI) entwickelt. Seine logische Begründung macht es in der Praxis einfach, Argumentationen mit hoher Überzeugungskraft aufzubauen. Wir bewerten Nutzen mit unterschiedlichen Scores und ermitteln einen Index für die Attraktivität und den Motivationsgrad der Nutzenargumentation. Der Nutzen-Index hilft dabei, dass sich Verkäufer selbst besser einschätzen und die Überzeugungsfähigkeit im Verkaufsgespräch messbar steigern können.

Der Nutzen-Index unterscheidet vier Kategorien von Nutzen. Jede Nutzenkategorie ist einer Kaufmotivation zugeordnet. Sie entspricht einem Kaufmotivationsfaktor. Je größer dieser ist, desto besser und überzeugender ist der Nutzen.

Kategorie 1: Emotionale, persönliche Nutzen

Diese Kategorie der Nutzen erzeugt die höchste Kaufmotivation. Folglich sollten Verkäufern so viele Nutzen wie möglich aus dieser Kategorie gegenüber Kunden verwenden. Emotionale, persönliche Nutzen lösen beim Kunden positive Gefühle wie Sicherheit, Image, Status, Wohlbefinden, Spaß oder Genuss aus. Aussagen, die einen hohen emotionalen und persönlichen Nutzen aufweisen, werden mit dem höchsten Kaufmotivationsfaktor 7 bewertet.

Kategorie 2: Primärnutzen, persönliche Sachnutzen

Der Primärnutzen ist ein für den Kunden persönlich formulierter Nutzen. Er erzeugt jedoch weniger positive Emotionen als das Nutzenargument aus der Kategorie 1. Bei Kunden erreichen Verkäufer deshalb nur die zweithöchste Kaufmotivation. Der Kaufmotivationsfaktor ist: 5.

Kategorie 3: Sekundärnutzen, Sachnutzen

Beim Sekundärnutzen formuliert der Verkäufer einen Vorteil des Produkts. Dies kann für den Kunden zwar von Interesse sein, die erzeugte Kaufmotivation ist jedoch nur mittel. Deshalb erhalten Sekundärnutzen nur drei Punkte als Kaufmotivationsfaktor.

Kategorie 4: Tertiärnutzen, Eigenschaften des Produkts

Tertiärnutzen beschreiben eine reine Produkteigenschaft. Diese Produkteigenschaften können in einem Verkaufsgespräch genannt werden, sollten jedoch nicht im Vordergrund stehen. Der Kaufmotivationsfaktor ist deshalb hier lediglich gering und erhält nur einen Punkt.

Kategorie und Nutzenformulierung	Kaufmotivationsfaktor
Kategorie 4: Tertiärnutzen: Eigenschaften des Produkts „Dieses Auto hat vier Zylinder und 1598 m³ Hubraum."	1 (gering)
Kategorie 3: Sekundärnutzen: Sachnutzen „Dieses Auto ist qualitativ das hochwertigste seiner Klasse."	3 (mittel)
Kategorie 2: Primärnutzen: Persönliche Sachnutzen „Mit diesem Auto garantieren wir Ihnen maximale Sicherheit für Ihre ganze Familie."	5 (hoch)
Kategorie 1: Emotionale, persönliche Nutzen „Sie bekommen Panoramafenster, ein Sicherheitskonzept der Oberklasse, ein exklusives Design, ein Auto, das für viele ein Traum ist ..."	7 (sehr hoch)

Je höher der Kaufmotivationsfaktor, desto höher die Wahrscheinlichkeit, dass der Kunde kauft. Deshalb gilt: Verkaufsgespräche sollten konsequent auf kundenzentrierte Nutzen und nicht auf produktorientierte Nutzen ausgerichtet sein.

 Emotion-Selling-Tipp:

Nutzen Sie das Prinzip der Attraktivität (je besser der Nutzen auf den Kunden zugeschnitten ist, desto höher die Kaufmotivation) und das Prinzip der Emotionalität (je positiver die Nutzen bei Kunden assoziiert sind, desto größer die Überzeugungskraft und damit die Kaufmotivation), um Ihre Ergebnisse zu verbessern.

Egonutzen vs. Kundennutzen

Egonutzen nennen wir die Nutzenformulierungen, bei denen die Leistung des eigenen Produkts oder Unternehmens im Mittelpunkt steht. Beispiel: „Wir bieten Ihnen ..." Kunden sind sehr viel mehr daran interessiert zu wissen, was sie selbst davon haben. Das sind die Kundennutzen. Beispiel: „Sie gewinnen dabei ..."

„Wir haben schon eine Million Kunden gewonnen." Das ist eine egozentrierte Aussage, eine Selbstdarstellung und eine Selbstaufwertung. Sie signalisiert jedoch auch gleichzeitig einen Nutzen für den Kunden, nämlich dass andere Kunden dem Unternehmen bzw. den Produkten vertrauen. Dennoch, der Kunde wird nur indirekt angesprochen. Demzufolge ist der Kaufmotivationswert nur mittel.

„Wir möchten Sie als Kunden gewinnen." Diese Aussage ist ebenso egozentriert und drückt lediglich den Wunsch des Verkäufers aus. Der Vorteil des Kunden hierbei interessiert den Verkäufer im Prinzip gar nicht. Der Kaufmotivationswert ist niedrig.

Argumente	Kaufmotivation		
Egozentriert „**Wir** vertrauen auf **unsere** hochwertige Technik und auf unsere gute Qualität."	0	50	100 X
Kundenzentriert „**Sie erhalten** eine hochwertige Technik und eine gute Qualität."	0	50 X	100

 Emotion-Selling-Tipp:

Lassen Sie Egonutzen grundsätzlich weg und ersetzen Sie sie durch Kundennutzen.

Anwendungsmöglichkeiten

Mit dieser Methodik lassen sich Texte, Broschüren, Prospekte, Leitfäden für Kunden und Verkäufer systematischer und motivierender aufbauen. Sobald beispielsweise neue Produkte auf den Markt gebracht werden, lässt sich die gesamte Kommunikationsstrategie kundenzentrierter ausrichten und dadurch beim Kunden eine bessere Wirkung erzielen. Speziell in Kommunikations- und Verkaufstrainings ist der Nutzen hoch, weil das Training einer kundenzentrierten Verkaufsargumentation in jedem Verkaufsgespräch Vorteile bringt.

Die „Was habe ich davon?"-Methode

Die „Was habe ich davon?"-Methode betrachten wir als besonders wirksames Werkzeug, um eine besonders hohe Überzeugungskraft aufzubauen und in der Argumentation mit Kunden stark zu sein. Ob Marketingbotschaften, Werbebotschaften, vollständige Argumentationen, Leitfäden oder Prospekte: Überall macht man mit dieser Methode Punkte. Selbst gute Verkäufer, die davon überzeugt sind, dass sie schon Vorteile und Nutzen kommunizieren, erkennen, wie viel Potenzial nach oben noch in ihrer Kommunikation und Überzeugungsfähigkeit steckt. Wie funktioniert diese Methode?

Die Kosten-Nutzen-Theorie der sozialen Interaktion sagt: Menschen kalkulieren im Kopf ständig, ob sich der Kontakt mit dem anderen lohnt. Vereinfacht ausgedrückt: Das, was Kunden am meisten interessiert, ist: „Was habe ich davon? Was bringt es mir?" Das Gehirn eines Kunden bewertet – wie wir mehrfach aufgezeigt haben – jedes Wort und jede Aussage durch Google und durch Emotionen. Die Kaufmotivation eines Kunden ist umso höher, je mehr Nutzen und Vorteile er erkennt. Anders ausgedrückt: Mit jedem Nutzenargument steigt die Kaufmotivation. Was liegt also näher, als möglichst viele Nutzenargumente zu kennen und bei Bedarf zu kommunizieren?

Genau da setzt die „Was habe ich davon?"-Methode an. Stellen Sie sich bitte einmal Folgendes vor: Das Gehirn eines Kunden stellt sich nach jedem Argument, das es hört, nach jeder Aussage eines Verkäufers in seinem Bewertungssystem im Kopf die Fragen: **„Was habe ich davon?"**, „Welche Vorteile habe ich davon?", „Was bringt mir das?"

Hier ist ein Beispiel, das das Prinzip aufzeigen soll. Nehmen wir einen kleinen Ausschnitt aus einem ganz normalen Kundengespräch. Es geht um ein Handy.

1. Die normale, durchaus gute Argumentation: „Dieses Handy ist ein ganz neues Modell. Es hat eine bessere Kamera, eine verbesserte Bedienung und es ist schneller."

2. Wie bewertet das Gehirn des Kunden diese Argumentation? „Dieses Handy ist ein ganz neues Modell." Das Gehirn fragt: **„Was habe ich davon?"** „Es hat eine bessere Kamera." Das Gehirn fragt: **„Was habe ich davon?"** „... eine bessere Bedienung". Das Gehirn fragt: **„Was habe ich davon?"** „... und es ist schneller." Das Gehirn fragt: **„Was habe ich davon?"**

So einfach diese „Was habe ich davon?"-Methode erscheint, so effektiv ist sie. Die oben genannten Fragen weisen daraufhin, dass das Gehirn des Kunden – bildlich gesprochen – ständig gefragt hat, was es davon hat, ohne vom Verkäufer eine Antwort zu bekommen.

3. Die mögliche Argumentation mit der **„Was habe ich davon?"**-Methode kann so aussehen:

„Dieses Handy ist ein ganz neues Modell." **Kundengehirn: „Was habe ich davon?"** „Das bedeutet bessere Verarbeitung." **Kundengehirn: „Was habe ich davon?"** „Besseres Material." **Kundengehirn: „Was habe ich davon?"** „Es ist stoß- und kratzfest, vor allem das Glas." **Kundengehirn: „Was habe ich davon?"** „Es sieht auch nach langem Gebrauch noch gut aus."

„Es hat eine bessere Kamera." **Kundengehirn: „Was habe ich davon?"** „Sie macht bessere Bilder, schärfere Bilder und macht es dadurch leichter, Bilder zu vergrößern, die dann auch noch scharf sind." **Kundengehirn: „Was habe ich davon?"** „Wenn Sie ein Fotobuch erstellen möchten, Postkarten oder Poster, dann geht das mit der höheren Auflösung. Die Kamera zeigt außerdem die Farben deutlicher." **Kundengehirn: „Was habe ich davon?"** „Das Fotografieren macht einfach mehr Spaß." ... und so weiter.

Ein kurzes Fazit der Analyse bis hierhin zeigt: Aus zwei Argumenten („Dieses Handy ist ein ganz neues Modell. Es hat eine bessere Kamera") wurden zwei Argumente plus elf Vorteile oder Wirkungen. Das Ziel ist jetzt, diese Methode so häufig und so konsequent aber auch so kundenzentriert wie möglich in Kundengesprächen umzusetzen.

5. Die wertschätzende Einwandbehandlung

Bis hierher ist alles glatt gelaufen. Sie haben Ihr Bestes gegeben, haben sich mit dem Kunden über eines seiner Lieblingsthemen zu Beginn des Gesprächs unterhalten, haben seine Wünsche abgefragt und ihm dementsprechend sehr attraktive und auf ihn zugeschnittene Nutzen genannt und jetzt, so kurz vor dem Abschluss, das: Der Kunde kommt mit einem Einwand.

Früher hätten Sie jetzt Ihre Felle wegschwimmen sehen, doch heute sind Sie sicher, jeden Einwand entkräften zu können. Sie beziehen einen Einwand nicht mehr auf sich, sondern werten ihn als Interesse. Der Kunde könnte sich ja auch einfach umdrehen und gehen, doch das tut er nicht. Er beschäftigt sich noch mit dem Produkt. Er ist geblieben und fragt. So gesehen ist ein Einwand ein Signal des Kunden nach dem Motto: „Lieber Verkäufer, bitte gib mir noch mehr Sicherheit" oder „Lieber Verkäufer, bitte erkläre mir hier noch das eine oder andere, damit ich es besser verstehen und dann beruhigt kaufen kann".

Eine erfolgreiche Einwandbehandlung besteht aus mehreren Stufen. Doch bevor wir darauf eingehen, möchte ich hier eine Frage stellen: Können Sie sich vorstellen, dass, je besser der bisherige Gesprächsablauf war, desto weniger Einwände kommen? Deshalb bereiten Sie Gespräche sorgfältig vor, achten Sie auf Ihre Wortwahl, nennen Sie Argumente, die von vornherein mögliche Einwände verstummen lassen. Nichtsdestotrotz kann und wird es in fast jedem Verkaufsgespräch so sein, dass der Kunde Fragen stellt oder Einwände bringt.

Der erste Schritt: Die Umbewertung

Das Ziel ist, die innere Ruhe als Verkäufer zu bewahren, um weiterhin sicher, freundlich und souverän zu antworten. Das bedeutet: Nehmen Sie einen Einwand, egal wie emotional er vom Kunden vorgetragen wird, nicht persönlich. Denken Sie immer daran, dass der Kunde Ihnen gerade die Chance gibt, ihn noch mehr zu überzeugen. Würde er nichts sagen und seinen Einwand für sich behalten, hätten Sie diese Chance nicht. Also nehmen Sie jeden noch so kleinen Einwand ernst und nutzen Sie ihn, um gemeinsam einen weiteren Schritt in Richtung Abschluss zu gehen. Bauen Sie beim Kunden das Ohnmachtsgefühl ab und das Gefühl von Sicherheit auf, damit er gern kauft.

Der zweite Schritt: Ausreden lassen

Im zweiten Schritt ist es nun an Ihnen als Verkäufer, so lange geduldig zuzuhören, bis der Kunde seinen Einwand vollständig vorgetragen hat. Ihn ausreden zu lassen, zeugt von Respekt, und Respekt erzeugt wiederum beim Kunden ein gutes Gefühl. Schauen Sie ihn dabei offen, freundlich, verständnisvoll an.

Der dritte Schritt: Verständnis zeigen/Akzeptanzsignal setzen

Zeigen Sie im dritten Schritt Verständnis. Holen Sie den Kunden durch ein Akzeptanzsignal ab. Das zeigt ihm, dass Sie ihn ernst und wichtig nehmen, und das ist aus Sicht des Kunden wieder ein gutes Gefühl.

Geeignete Akzeptanzsignale sind:

► „Danke für die Offenheit."

► „Ich kann verstehen, dass Sie so denken."

► „Ich kann nachvollziehen, dass dieser Eindruck entsteht ..."

- „Ich finde gut, dass Sie dieses Thema ansprechen."

- „Danke, dass Sie das so offen ansprechen."

- „Ich kann Ihre Meinung nachvollziehen."

- „Ich verstehe Sie gut."

Eine gute Strategie ist auch, die gute Erfahrung eines anderen Kunden zu zitieren: „Kunde XY hatte vor einiger Zeit genau die gleichen Bedenken geäußert, und jetzt ist er mehr als zufrieden. Er hat gesehen, wie gut ... funktioniert, wie leicht ... ist" usw.

Der vierte Schritt: Kundenzentrierte Vorteile und Nutzen nennen

Der vierte Schritt ist, die noch fehlenden Informationen passend zum Einwand mit möglichst guten Nutzen und Vorteilen zu nennen. Ziel ist es auch in diesem Schritt, dem Kunden das vorhandene Gefühl von „Ich bin mir noch nicht ganz sicher" zu nehmen und ein Gefühl von „Jetzt bin ich überzeugt und kaufe" zu vermitteln. Um hier auch wirklich sicher zu sein, welche Nutzen überzeugen, können Sie sich den zuvor beschriebenen EBI und die „Was habe ich davon"-Methode zu Hilfe nehmen.

Gute Formulierungen sind zum Beispiel:

- „Das Produkt hat ..., damit können Sie ... Das hat den Vorteil, dass ..."

- „Der Grund für ... ist, dass Sie dann damit ... Das hat den Vorteil, dass Sie ..."

- „Wir haben das deshalb so gestaltet, damit Sie ..."

Der fünfte Schritt: Versteckte Einwände ausräumen

Wie geht man am besten mit verstecken Einwänden um? Hier wäre es sehr hilfreich, Gedanken lesen zu können. Doch das ist leider nicht möglich. Es gibt zwei eindeutige Signale vom Kunden für Einwände, die er noch in sich trägt, die also noch nicht thematisiert wurden und die ihn deshalb vom Kauf abhalten.

Erstens: Körpersprache und Mimik. Wir können viele versteckte Einwände an einer noch verschlossenen Körpersprache oder an einer Körperhaltung, die eher auf Rückzug ausgelegt ist, identifizieren. Eine zweifelnde Mimik ist ebenso ein Zeichen von: „Ich bin noch nicht ganz überzeugt, mir fehlen noch Informationen, um ja sagen zu können." Zweitens: Der Kunde spricht sehr zögerlich, er überlegt und formuliert deshalb seine Sätze ungewöhnlich langsam oder macht größere Denkpausen.

Wie gehen Sie jetzt am besten vor? Fragen Sie den Kunden zum Beispiel:

- „Gibt es noch etwas, was Sie wissen möchten?"

- „Kann ich Ihnen noch etwas erläutern?"

- „Was haben Sie auf dem Herzen?"

- „Was überlegen Sie?"

6. Verbindliche Abschlüsse und Ergebnisse

Wie machen es sich Key Accounter, Verkäufer und andere, die unbewusst Angst vor Abschlüssen haben, leichter, konkrete Forderungen zu stellen? Wie sagen Sie klar, was Sie wollen, und tun das auf eine wertschätzende und respektvolle Weise? Wie vermeiden Sie es, Kunden unter Druck zu setzen, der sie demotiviert? Wie erreichen Sie durch eine spezielle Rhetorik, dass Kunden sich mehr mit ihren Zusagen identifizieren und sie eine höhere innere Selbstverpflichtung eingehen?

Verbindliche Vereinbarungen, ein Abschluss, ein konkretes Ergebnis sind das wohl wichtigste Ziel von Kundengesprächen. Sie sind eine Kunst, die eine effektive Vorbereitung und viel Psychologie voraussetzt.

Targeted Selling: Am Ende zählen die Ergebnisse

Kaum etwas entscheidet so über den Erfolg von Verhandlungen und Verkaufsgesprächen wie die Fähigkeit, verbindliche Vereinbarungen zu treffen und konkrete Abschlüsse zu machen. Verhandlungen und Verkaufsgespräche sind erst dann erfolgreich, wenn es klare Ergebnisse gibt. Das gilt insbesondere dann, wenn es um anspruchsvolle Verhandlungen mit geschulten Einkäufern geht, bei denen es herausfordernd ist, eine eigene Positionen aufzubauen und dauerhaft durchzusetzen sowie gegen Preisnachlässe und Rabattforderungen zu bestehen. Oder im Key Account Management, wenn es darum geht, in Gesprächen mit Meinungsbildnern und Entscheidungsträgern wichtige Entscheidungen zu verhandeln.

Wer die Fähigkeit hat, verbindlich zu sein, kommt schneller auf den Punkt. Das spart Zeit und schafft Ergebnisse. Wer dies einmal gelernt hat, macht messbar mehr Umsatz und das vor allem für viele Jahre. Das bedeutet für Unternehmen dauerhaft höhere Umsätze, für die Verkäufer mehr Erfolgserlebnisse und Prämien.

Viele Unternehmen haben Verhandlungsführer, Key Accounter bzw. Verkäufer, die sympathisch und stark auf der Beziehungsebene sind. Das ist wichtig. Genau diesen Beziehungsverkäufern fällt es besonders schwer zu sagen, was sie wollen, zu fordern, ein Nein auszuhalten, hohe Forderungen von Kunden abzuwehren und stattdessen eigene Standpunkte mit einer wertschätzenden Gesprächsführung durchzusetzen. Viele von ihnen sehen sich eher in der Rolle des Beraters oder Dienstleisters als in der des Verkäufers. Das kostet sie und das Unternehmen viel Geld.

Das Abschlussinterview – Ergebnisorientiert und respektvoll gleichzeitig

Wer sagt, was er will, wer direkt fordert, macht Druck. Beziehungsstarke Verkäufer ahnen oder wissen das. Sie befürchten, dass Kunden sich durch klare Forderungen unter Druck gesetzt fühlen und einen inneren Widerstand aufbauen. Das gilt vor allem dann, wenn Kunden sehr wichtig sind, sie Meinungsbildner sind oder sie sich ihrer Machtposition sehr bewusst sind. Die Konsequenz ist oftmals, dass diese Verkäufer unbewusst Abschlüsse vermeiden.

Dafür gibt es viele Strategien. Sie machen intuitiv länger Smalltalk, sprechen als Experten zu lange über Details, bis kaum noch Zeit für Vereinbarungen bleibt. Wenn sie Abschlüsse machen wollen, fordern sie eher wenig und unverbindlich, um beliebt zu bleiben. Für viele Sympathie- und Beziehungsverkäufer sind Abschlüsse ein Konfliktfeld. Unsere Befragungen in verschiedenen Vertriebsorganisationen haben ergeben, dass sich teilweise mehr als 60 Prozent der Außendienstmitarbeiter als Beziehungsverkäufer betrachten, die gerne abschlussstärker wären. Wenn wir einmal rechnen, dass jemand, der intuitiv Abschlüsse vermeidet, 20 bis 30 Prozent bessere Ergebnisse über Jahre erzielen könnte, sprechen wir über viel Umsatz. Mitarbeiter können die mentale Stärke entwickeln, den Mut und das Selbstbewusstsein, offener und direkter zu fordern, zu sagen, was sie wollen, entsprechende Fragen zu stellen und ihre Forderung gegen Widerstand aufrecht zu erhalten. Wir verfügen heute über gute Methoden, Abschlussangst schnell und dauerhaft zu reduzieren.

Win to win

Emotion Selling bedeutet eine Win-win-Situation für beide Seiten: Die Kunden fühlen sich wohler, weil sie gefragt statt bedrängt werden, weil die Frage wertschätzend ist, die Meinung und Entscheidung des Kunden in den Mittelpunkt stellt, sich der Kunde dadurch respektiert fühlt, er ein Mastergefühl und ein Wertgefühl erreicht.

Die Verkäufer – speziell die Sympathieverkäufer – fühlen sich wohler, weil sie auf eine respektvolle Weise fragen, statt direkte Forderungen zu stellen. Ihre Angst zu fordern und dadurch abgelehnt zu werden oder ein „Nein" zu bekommen, wird stark reduziert oder verschwindet auf Dauer ganz. Das Ergebnis ist eine höhere Abschlussmotivation und Sicherheit. Mit zunehmender Routine machen Abschlüsse sogar Spaß.

Gleichzeitig führen Verkäufer die Kunden durch die Richtung der Frage und steuern das Gespräch zum Ziel. Beispiele: „Wie kann für Sie eine Zusammenarbeit aussehen? Was stellen Sie sich konkret vor? Welche gemeinsamen Projekte sind denkbar? Wie sehen Sie die Chancen, dass wir alleiniger Lieferant für Sie werden?". Diese Art des Abschlusses nennen wir **kundenzentriert gesteuert**, weil der Kunde im Mittelpunkt steht.

Fragen sind das Meisterstück der Abschlusskommunikation. Einerseits liefern sie dem Kunden Wertgefühl und Respekt, weil er gefragt wird. Sie lassen ihm das Mastergefühl, weil er die Freiheit der Antwort hat. Gleichzeitig fordern sie ihn auf, aktiv zu denken und zu assoziieren und erzeugen dadurch eine höhere Zustimmung, Selbstverpflichtung und Identifikation mit der Antwort. Die Antwort gilt mehr als ein einfaches Ja. Das Ziel ist, Abschlussgespräche grundsätzlich auf eine Fragerhetorik aufzubauen.

Sie sind glücklicherweise einfach zu lernen. Speziell Sympathieverkäufer interessieren sich naturgemäß für Menschen, stellen viele Fragen und haben deshalb ausgezeichnete Voraussetzungen, diese Fragerhetorik für kundenzentrierte Abschlüsse zu lernen. Unsere Erfahrungen zeigen, dass sie im Alltag schnell Erfolgserlebnisse erreichen.

Kundenbefragungen belegen, dass Kunden diese Art der Gesprächsführung als angenehmer und respektvoller bewerten. Das Klima in Verhandlungen mit wichtigen Kunden entspannt sich. Es gibt während des Gesprächs und in der nachfolgenden geschäftlichen Beziehung weniger Reibungspunkte und Konflikte. Das ist gut für die Beziehungen und die gemeinsamen Geschäfte.

Die Umsetzung in die Praxis zählt

Die klassischen Trainings zeigen, wie Abschlüsse vorbereitet, eingeleitet und durchgeführt werden. Viele Verhandler und Verkäufer wissen dann, was sie tun sollten. Die Praxis macht jedoch deutlich, wie herausfordernd es ist, die gelernten Fähigkeiten auch wirklich umzusetzen. Das ist oft ernüchternd. Wir führen die geringe Umsetzungsquote darauf zurück, dass Abschlussblockaden (zum Beispiel die Angst vor dem Nein, vor Ablehnung, vor dem möglichem Verlust der Kundenbeziehung, vor negativen Reaktionen der Kunden usw.) starke Motive dafür sind, die erlernten Fähigkeiten nicht umzusetzen und somit Abschlüsse zu vermeiden. Dazu kommt, dass Verbindlichkeit und Abschlüsse grundsätzlich Mut und Selbstbewusstsein erfordern. Dazu steht ein innovatives Trainingsmodell zur Verfügung.

Es kombiniert die folgenden drei Kompetenzebenen:

1. **Blockaden abbauen:** Mit speziellen Methoden des mentalen Trainings Blockaden und Ängste abbauen.

2. **Mut aufbauen:** Mut, Selbstbewusstsein und eine positive, innere Einstellung zu Abschlüssen aufbauen.

3. **Abschlussgespräche/Kommunikative Kompetenz:** Die Gesprächsführung und alle damit erforderlichen kommunikativen Fähigkeiten trainieren, können und authentisch in der Praxis umsetzen.

Nur durch die Verbindung dieser drei Kompetenzen kann eine schnelle und große Abschlusssicherheit entstehen, werden eine intrinsische und deshalb stabile Abschlussmotivation hergestellt und eine hohe Nachhaltigkeit und damit hoher Effektivität erreicht.

Emotion-Selling-Tipps:

▸ Legen Sie vor dem Gespräch ein klares Ziel und Ihr Wunschergebnis im Kopf fest.

▸ Formulieren Sie Ihre Ziele im Kopf als offene W-Frage.

▸ Erfragen Sie ausführlich den Bedarf und die Kaufmotivation des Kunden. Je mehr Sie erfahren, desto einfacher wird der Abschluss.

▸ Fragen Sie, ob es noch offene Fragen gibt, und klären Sie diese.

▸ Führen Sie den Kunden durch konsequentes Fragen zu Ihren Zielen.

▸ Machen Sie nach jeder Frage eine lange Pause. Halten Sie das Schweigen aus. Der Kunde braucht Zeit zum Überlegen und zum Entscheiden.

- ▶ Fragen Sie so lange geduldig, bis Sie ganz konkrete Maßnahmen, Ergebnisse und Vereinbarungen haben.
- ▶ Fragen Sie den Kunden, ob er zufrieden ist.
- ▶ Fassen Sie am Ende des Gesprächs noch einmal die Ergebnisse zusammen.
- ▶ Bedanken Sie sich beim Kunden für sein Vertrauen.

Höhere Preise überzeugend argumentieren

Wie können Sie eine Argumentation entwickeln, die bei Kunden eine deutlich höhere Wertschätzung der Leistungen auslöst und somit höhere Preise rechtfertigt? Bereits die Umformulierung vom Egonutzen zum Kundennutzen, wie wir es im Kapitel „Systematisch zum Ziel: Die sechs Stufen eines Verkaufsgesprächs mit Emotion Selling verbessern" beschrieben haben, bringt eine höhere Überzeugungskraft. Doch dies ist nur der erste Schritt zu einer professionellen Nutzenargumentation. Innerhalb der kundenzentrierten Nutzenargumente gibt es erhebliche Qualitätsunterschiede und verschiedene Dimensionen. Um die Überzeugungskraft von Verkaufsbotschaften und -argumenten messen zu können, haben wir den AttraktivitätS Score (ASS) entwickelt. Diese Messmethode beschreibt auf Basis der Neuro-Emotionstheorie die sechs wichtigsten Standards für eine hochwertige und überzeugende Nutzenargumentation.

Durch die im Folgenden dargestellte Systematik ist eine erfolgreiche Argumentation weniger Bauchsache und subjektiv, stattdessen gewinnen Sie eine höhere Ob-

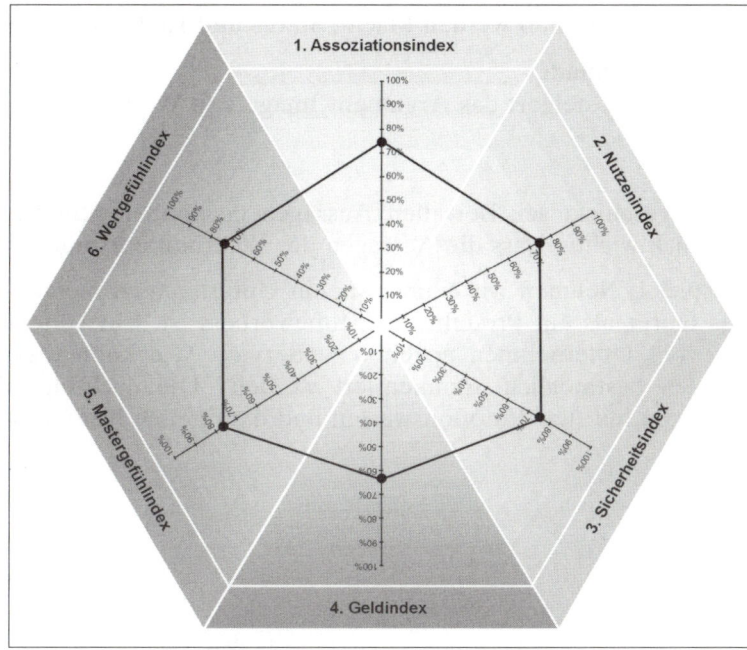

Abbildung 29: ASS – AttraktivitätS Score für die Verkaufs- argumentation

© Copyright, 2005, Bittner

jektivität und die Sicherheit, dass die Argumentation Kunden überzeugt. So kann insgesamt die Überzeugungskraft von Argumenten in Gesprächsleitfäden, Prospekten und in Verkaufsgesprächen erheblich gesteigert werden. Je höher die Überzeugungskraft, desto höher ist der Emotionswert und desto höher ist die Kaufbereitschaft.

Methode

Jedes Argument durchläuft die folgenden sechs Fragen. Je höher bei jeder Frage die Einschätzung, desto überzeugender das Argument, desto höher die Kaufmotivation. Die Einschätzung ist individuell, das heißt, die Einschätzung bzw. die Beantwortung der sechs Fragen durch Prozentwerte kann bei jeder Person leicht variieren. Es hat sich aber gezeigt, dass verschiedene Personen insgesamt sehr ähnliche Prozentwerte vergeben. Ziel ist es, eine hohe Einschätzung bei allen Fragen in Bezug auf das Argument zu erzielen.

1. **Assoziationsindex („Google-Index")**
   Welche Assoziationen löst das Argument aus?

2. **Nutzenindex für Kunden**
   Wie hoch ist der Kundennutzen in diesem Argument?

3. **Sicherheit/Unsicherheitsindex**
   Wie viel Sicherheit vermittelt das Argument?

4. **Geldindex**
   Wie hoch ist der materielle Nutzen dieses Arguments?

5. **Mastergefühlindex**
   In welchem Maß werden Macht, Status und Einfluss angesprochen?

6. **Wertgefühlindex**
   Inwieweit steigert das Argument Image und Wertgefühl?

Beispiele

Vorausgeschickt sei: Bei allen Aussagen gegenüber dem Kunden ist es selbstverständlich wichtig, dass die Aussagen der Wahrheit entsprechen.

Beispiel 1: Nehmen wir einmal an, ein Unternehmen bietet ein Produkt an, das etwas teurer als ein Produkt des Mitbewerbers ist. Ein Unterscheidungsmerkmal ist der vom Unternehmen angebotene Service. Wie kann dies jetzt gegenüber dem Kunden bestmöglich argumentiert werden? Die nachfolgende Tabelle zeigt fünf Aussagen mit fünf Emotionswerten und damit auch Kaufmotivationen.

Argumente des Verkäufers	Emotionswert im Kopf des Kunden = Kaufmotivation
1. „Wir bieten **Service** an."	0 —— 50 —— 100 (X bei ca. 15)
2. „Wir bieten einen **Premium-Service**."	0 —— 50 —— 100 (X bei ca. 40)
3. „Wir bieten **Ihnen** einen **Premium-Service**."	0 —— 50 —— 100 (X bei ca. 50)
4. „Wir bieten **Ihnen** einen **speziellen Premium-Service**."	0 —— 50 —— 100 (X bei ca. 80)
5. „Wir bieten **Ihnen** einen **exklusiven Premium-Service**."	0 —— 50 —— 100 (X bei ca. 90)

Wie man durch präzise Veränderung einzelner Wörter und Begriffe Argumenten eine viel höhere Überzeugungskraft gibt, zeigen wir am Beispiel „Sie sparen dadurch etwa 2 000 €". Diese Einschätzungen auf der Skala wurden von Kunden im Rahmen der Entwicklung eines Gesprächsleitfadens für ein Automobilunternehmen erhoben.

Argumente des Verkäufers Beispiel: „Sie sparen dadurch etwa 2 000 €."	Emotionswert im Kopf des Kunden = Kaufmotivation
1. „Sie haben dadurch **weniger Kosten**." (Das Wort „Kosten" ist negativ assoziiert.)	0 —— 50 —— 100 (X bei ca. 15)
2. „Sie **sparen** dadurch Geld." (Das Wort „sparen" ist attraktiver als das Wort „Kosten".)	0 —— 50 —— 100 (X bei ca. 40)
3. „Sie **gewinnen** dadurch **bares** Geld." (Das Wort „gewinnen" ist attraktiver assoziiert als das Wort „sparen". Der Begriff „bares Geld" motiviert mehr als das Wort „Geld".)	0 —— 50 —— 100 (X bei ca. 50)
4. „Sie **gewinnen** dadurch **bares** Geld, **2.000 €**." (Die Zahl zu nennen gibt eine klare Vorstellung.)	0 —— 50 —— 100 (X bei ca. 90)

Auswertung

Diese Beispiele zeigen, dass einzelne Wörter und Formulierungen eine große Rolle spielen. Das wird besonders dann deutlich, wenn man sich die Zeit nimmt, diese Argumente bewusst zu analysieren. Im Gehirn werden diese Argumente in Sekundenbruchteilen automatisch verarbeitet. Die neuronale Bewertung durch Assoziation erfolgt im Prinzip genauso wie bei unserer bewussten Analyse mit Punkten. Wir können uns das bildlich etwa so vorstellen, dass im Kopf des Kunden Buchungen auf einem Kaufmotivationskonto stattfinden.

Wenn wir solche Argumente hören, bekommen wir diese Buchungen kaum bewusst mit. Das Unterbewusstsein zeichnet sie jedoch exakt auf. Hier noch einmal die Rechnung: Wir senden mindestens zwei Wörter pro Sekunde in den Kopf des Kunden. Das bedeutet, dass er während eines Verkaufsgesprächs von einer Minute Dauer etwa 120 Wörter hört. Jedes Wort wird gebucht und trägt zur Kaufentscheidung bei. Wie wir im Beispiel oben gezeigt haben, genügen vier bis fünf Wörter, um 50 Motivationspunkte mehr im Kopf des Kunden zu erreichen. Auf ein ganzes Verkaufsgespräch gerechnet macht das mehrere hundert Punkte aus.

Teil 6:

Zusammenfassung und eine Erfolgsgeschichte zum Schluss

In diesem Kapitel finden Sie eine Zusammenfassung der wichtigsten sieben Prinzipien des Emotion Selling. Außerdem laden wir Sie zu einem Verkaufsgespräch ein, anhand dessen wir einige Kommunikations- und Emotionsstrategien kurz und praxisnah analysieren. Wir zeigen, welche eine hohe Kaufmotivation erzeugen und welche nicht.

Die 7 wichtigsten Prinzipien des Emotion Selling

Das neue Sales-Modell Emotion Selling will aufbauend auf den Erkenntnissen der Neurokommunikation das Bewusstsein dafür schärfen, was wir mit unserer Kommunikation wirklich auslösen und bewirken. Schon Kleinigkeiten können entscheidend sein – Kunden reagieren zunehmend empfindlich. Gefragt ist eine neue Kommunikation, die weggeht vom Verkäufer-Monolog, von Suggestionen und negativer Sprache und stattdessen den Kunden und seine Bedürfnisse in den Mittelpunkt stellt. Dazu müssen Verkäufer bestehende Kommunikationsmuster bewusst verändern.

1. Authentische Eröffnung und echter Beziehungsaufbau

▶ Der Emotion Seller zeigt von Beginn an ernsthaftes Interesse am Kunden.

▶ Er wendet eine spezielle Fragerhetorik an. Damit ermöglicht er dem Kunden, über das zu sprechen, was ihn wirklich interessiert und ihm Spaß macht. Der Kunde fühlt sich dadurch wichtig und empfindet das Gespräch als interessanter und wertvoller.

▶ Dadurch, dass der Kunde wirkliches Interesse erlebt, baut er Vertrauen auf. Er ist bereit, viel mehr über sich selbst, seine Motive, Erwartungen und Vorstellungen preiszugeben.

▶ Der Emotion Seller vermeidet Floskeln und wenig authentische Eröffnungen, bei denen der Kunde das Gefühl hat, der Verkäufer mache eine Pflichteröffnung, während er innerlich ausschließlich seine eigenen Interessen in den Mittelpunkt stellt und am Kunden nicht wirklich interessiert ist.

2. Umfassende Bedarfsermittlung

▶ Der Emotion Seller fragt den Kunden wesentlich mehr und präziser als ein „normaler Verkäufer". Die Bedarfsermittlung wird dadurch intensiver und dauert länger.

▶ Dank der speziellen Fragerhetorik fühlt sich der Kunde nicht ausgefragt.

▶ Er habt das Gefühl, dass seine Ziele wichtiger genommen werden, dass er verstanden wird und dass die Angebote genauer passen.

▶ Der Emotion Seller fragt so lange, bis er auch die im Hintergrund liegenden Bedürfnisse und Entscheidungsmotive der Kunden ermittelt hat und der Kunde signalisiert, dass alle wichtigen Bedürfnisse erkannt sind. Aufgrund der speziellen Fragerhetorik und einer ausgefeilten Pausentechnik reflektiert der Kunde seine eigenen Vorstellungen, Erwartungen und Ziele wesentlich intensiver, er weiß selbst genauer, was er will, und sagt das auch. Das macht es dem Verkäufer viel leichter, genau das richtige Angebot für den Kunden zu finden.

▶ Mehr konkrete Informationen über den tatsächlichen Kundenbedarf ermöglichen ein genaueres Briefing; dadurch werden die folgenden Teile des Kundengesprächs erheblich effektiver. Das erleichtert auch die Nachbereitung der Kundengespräche und macht zum Beispiel die Angebotserstellung einfacher, schneller und kostengünstiger.

3. Information und Präsentation im Dialog

▶ Der Emotion Seller führt Präsentationen moderierend. Er gibt keine Monolog-Präsentationen mehr. Dadurch wird der Kunde viel mehr einbezogen, er wird viel häufiger nach seiner Meinung gefragt. Das Gefühl im Kopf des Kunden wechselt von Dominiertwerden und Fremdbestimmtsein in monologischen Präsentationen hin zu einem Gefühl der Mitbestimmung und des Wichtigseins.

▶ Das Ergebnis ist beim Kunden eine höhere Identifikation mit dem Gesprächspartner und dessen Angebot.

▶ Gleichzeitig gibt es viel weniger Einwände und konträre Diskussionen und damit Kaufwiderstände.

4. Kundenzentrierte Nutzenargumentation

▶ Durch die Methode, Nutzen auf verschiedenen Ebenen gleichzeitig zu vermitteln (Produktnutzen, Nutzen für das Unternehmen des Kunden, Nutzen für den Kunden persönlich) und diese Nutzen emotional hochwertig zu formulieren, steigen Überzeugungskraft und Kaufmotivation stark an.

▶ Der Emotion Seller verstärkt jedes Argument durch Nutzen. Der Kunde hört dadurch viel mehr Nutzen und Vorteile.

▶ Indem der Kunde gefragt wird, wo er selbst Vorteile und Nutzen sieht, entsteht bei ihm eine innere (intrinsische) Überzeugung und Kaufmotivation. Diese innere Überzeugung ist viel wertvoller und wirkt noch stärker als Argumente von Verkäufern. Beides zu kombinieren ist ideal.

▶ Mit Hilfe der neuen Bewertungsverfahren und Scores für Nutzenargumente gelingt es, besonders hochwertige Formulierungen und Argumentationen zu entwickeln.

5. Gekonnter Umgang mit Einwänden

▶ Der Emotion Seller hört aktiv zu und sendet dem Kunden Akzeptanzsignale. Dadurch fühlt sich der Kunde ernst genommen.

▶ Die Fragerhetorik ermöglicht es, den Kunden selbst in die Behandlung der Einwände mit einzubeziehen.

▶ Dadurch, dass der Verkäufer Einwände hört, akzeptiert und auf jeden Widerspruch verzichtet, wird Identifikation zwischen dem Kunden und der Lösung des Einwandes geschaffen.

▶ Durch spezielle, mentale Methoden gelingt es dem Verkäufer, emotional souverän und freundlich zu bleiben.

► Probleme werden sofort in Lösungen umgedacht, es werden nur noch Lösungen und Ziele formuliert. So erlebt der Kunde hohe Akzeptanz, Respekt und Wertschätzung.

6. Verbindliche Abschlüsse und Ergebnisse

► Der Emotion Seller schafft es, klare Forderungen mit motivierenden, respektvollen Formulierungen zu verbinden. So fühlt sich der Kunde selbst bei hohen Forderungen nicht unter Druck gesetzt.

► Der Kunde steht wesentlich mehr hinter seiner Kaufentscheidung. Er ist überzeugter, weil er immer wieder aktiv durch Fragen einbezogen und zum Mitdenken aktiviert wird und so mitsteuert.

► Der Emotion Seller verzichtet auf Suggestionen – der Kunde fühlt sich überzeugt statt überredet.

► Der Kunde fühlt sich Vereinbarungen innerlich mehr verpflichtet, weil er vom Verkäufer durch Fragen zu seiner eigenen Entscheidung geführt wurde.

► Durch den hohen Fragenanteil im Abschlussgespräch führt und steuert der Verkäufer und bleibt gleichzeitig sympathisch.

► Der Emotion Seller traut sich, viel klarer zu sagen, was er will, weil er mit einer speziellen Wortwahl sehr respektvoll formuliert.

► Indem der Verkäufer seine Ziele als Frage formuliert, erzeugt er weniger Widerstand als bei eigenen Vorschlägen und Forderungen.

7. Konstruktive Konflikt- und Klärungsgespräche

► Dieser Ansatz des Konfliktmanagements ist signifikant anders. Der Emotion Seller verzichtet darauf, Probleme und Defizite überhaupt noch anzusprechen, so dass er die damit verbundene, emotionale Eskalation vermeidet.

► Dieser Ansatz ist konsequent konstruktiv. Probleme werden sofort in Lösungen umgedacht, es werden nur noch Lösungen und Ziele formuliert und kommuniziert. So erlebt der Kunde hohe Kompetenz, Konstruktivität und Respekt. Dieses Verhalten geht gegen gelernte Konfliktmuster.

► Durch spezielle, mentale Methoden gelingt es dem Emotion Seller, negative Emotionen abzubauen, emotional souverän und freundlich zu bleiben, auch wenn er vom Kunden angegriffen wird.

► Für viele Menschen ist es kaum vorstellbar und beeindruckend zu erleben, dass man Probleme nicht anzusprechen braucht, sondern dass Konfliktmanagement in der Regel ausschließlich im Lösungsmodus funktioniert. Das Ergebnis: effektive, schnelle, faire Konfliktlösung und Erhalt der Kundenbeziehung.

► Der Emotion Seller verzichtet auf negative Wörter und alle Arten von unterschwelligen Vorwürfen. Dadurch wird ein Klima geschaffen, in dem Konflikte gelöst werden können.

- So wird die gesamte Konzentration genutzt, um Lösungen zu entwickeln. Der Kunde braucht sich nie zu rechtfertigen, und die Ergebnisse sind verblüffend.

- Aktives Zuhören und deutliche Akzeptanzsignale reduzieren das Konfliktpotenzial.

- Eine spezielle Fragerhetorik ermöglicht es dem Emotion Seller, gemeinsam mit dem Kunden optimale Lösungen zu finden.

- Diese konstruktive Kommunikation gibt Verkäufern den Mut und das Selbstbewusstsein, Konflikte offen und direkt anzusprechen und zu klären.

- Unterschiedliche Standpunkte werden fair nebeneinander gestellt. Der Emotion Seller verzichtet vollständig darauf, die Standpunkte anderer in Frage zu stellen und sie kritisch zu bewerten.

Eine Erfolgsgeschichte – oder: Der Tag, an dem der Kunde zum Fan wurde

Zum Abschluss lesen Sie eine Geschichte über einen Kunden, der einen für ihn angefertigten Tisch kaufen möchte. Anhand dieses Beispiels möchten wir die in diesem Buch beschriebenen Kommunikationsstrategien praxisnah beleuchten und Ihnen zeigen, welche Emotionen beim Kunden geweckt werden und welche letztendlich zu Umsatz führen.

Die Geschichte

Es war einmal ein Kunde, der wollte einen Tisch haben. Er beschloss, einen Schreiner zu suchen, der diesen Tisch bauen sollte. Es sollte ein besonderer Tisch sein, ein guter, von bester Qualität, etwas außergewöhnlich, stabil, gut aussehend – eben sein Tisch. Er sah sich schon gemütlich an seinem Tisch sitzen, lesen, arbeiten, interessante Gespräche führen mit sympathischen Menschen, Entscheidungen treffen und Muße haben, ein Glas Wein trinken und vieles andere. Da der Kunde selbst wenig von Tischen verstand, beschloss er, einige Schreiner zu suchen, um sich für einen zu entscheiden, den richtigen, den besten. Er suchte den, der ihm seinen Tisch bauen könnte.

An einem Montagmorgen ging er zum ersten Schreiner. Dieser Schreiner galt als Könner seines Fachs. Der Kunde betrat die Schreinerei. Auf den ersten Blick hatte er einen sehr guten Eindruck. Alles sah sauber, ordentlich und solide aus. Der Schreiner kam auf ihn zu. Sie begrüßten sich und unterhielten sich kurz über das Wetter, das Leben und was es sonst noch so gibt.

Dann fragte der Schreiner den Kunden: „Was kann ich für Sie tun?"

Der Kunde: „Ich suche einen Tisch."

Der Schreiner: „Ah, Sie wollen einen Tisch. Da sind Sie bei uns genau richtig. Tische sind unsere Spezialität. Wir machen viele Tische. Wir können Ihnen jeden Tisch bauen, aus jedem Material, in jeder Form."

Und der Schreiner erzählte davon, dass schon sein Großvater Schreiner war, welche Hölzer es gab und wie sich sein Handwerk im Laufe der Zeit verändert hatte.

Der Schreiner: „Wofür brauchen Sie einen Tisch?"

Der Kunde: „Darüber habe ich so genau noch nicht nachgedacht. Etwas Besonderes soll er sein. Ich habe noch keine genaue Vorstellung."

Der Schreiner: „Da habe ich bestimmt etwas für Sie. Ich mache Ihnen mal einige Vorschläge."

Und der Schreiner empfahl. Der Schreiner begann mit dem Kunden einen Rundgang durch seine Ausstellungsräume, zeigte ihm große Tische, kleine Tische, ältere Tische – alles, was er bisher gemacht hatte. Er zeigte dem Kunden sein ganzes Können. Man merkte dem Schreiner an, dass er stolz auf seine Arbeit war, und schließlich sagte er zum Kunden, und das mit voller innerer Überzeugung:

„Ich glaube, dieser Tisch ist genau der Richtige für Sie", und dabei zeigte er auf einen großen Eichentisch. „Der ist solide, wertvoll, handgearbeitet, hält lange, hat Tradition und ist eine ganz ausgefallene Arbeit. Eichentische sind immer noch das Beste."

Der Kunde sah den Schreiner an. Geduldig hatte er seinen Ausführungen zugehört, sich verschiedenste Tische angesehen. Aber woher kam dieses unbestimmte Gefühl, dass dies doch nicht das Richtige war? Irgendetwas ganz Wesentliches fehlte ihm. Der Kunde sagte letztendlich: „Vielen Dank für Ihre Mühe, aber mein Tisch ist nicht dabei."

Der Schreiner versuchte jetzt sein Geschäft zu retten. Er sagte: „Alle unsere Tische sind nach dem neuesten Stand gebaut. Viele davon sind gerade in Mode und sind bei unseren Kunden sehr beliebt. Aber wir können Ihnen natürlich auch Ihren eigenen Tisch bauen."

„Vielen Dank", sagte der Kunde, „ich glaube, ich werde noch einmal darüber nachdenken. Vielen Dank für Ihre Mühe." Dann ging er.

Auf dem Weg nach Hause dachte der Kunde bei sich: „Ich hätte nicht gedacht, dass es so schwierig ist, einen Tisch zu kaufen." Da der Kunde ein wenig Zeit hatte, besuchte er im Laufe der Woche noch mehrere Schreiner. Sie alle präsentierten ihm ihre Kunst, zeigten ihm die Werkstätten, ihre Ausstellungen, viele Beispiele von Tischen – und immer hatte der Kunde das Gefühl, dass etwas Wichtiges fehlte. Am Ende der Woche beschloss der Kunde, noch einen Versuch zu wagen. Er rief noch einmal einen Schreiner an, um einen Besuchstermin zu vereinbaren.

Der Schreiner war persönlich am Telefon. Er sagte: „Wann möchten Sie kommen, wann passt es Ihnen am besten?"

Der Kunde: „Ich würde gerne gleich vorbeikommen."

Schreiner: „Schön, das passt gut. Was kann ich für Sie tun?"

Der Kunde: „Ich möchte einen Tisch."

Der Schreiner: „Haben Sie einen besonderen Wunsch? Was für einen Tisch stellen Sie sich vor?"

Der Kunde: „Ich suche etwas ganz Besonderes, stabil und schön."

Der Schreiner: „Wie viel Zeit werden Sie mitbringen?"

Der Kunde: „Ich denke, ungefähr eine halbe Stunde."

Der Schreiner: „Schön, ich freue mich auf Ihren Besuch, bis gleich."

Der Kunde war verwundert. Das hatte ihn noch keiner gefragt. Irgendwie hatte er jetzt schon ein gutes Gefühl. Als der Kunde die Schreinerei betrat, sah sie so ähnlich aus wie die anderen. Sie wirkte ein bisschen familiärer. Der Kunde war sich nicht sicher, ob das an den häufigen Besuchen in anderen Schreinereien lag oder an dieser Schreinerei. Auch der Schreiner sah aus wie die anderen Schreiner. Er schien ihm aber auch gleichzeitig etwas vertrauter.

„Schön, dass Sie gekommen sind.", sagte der Schreiner. „Sie suchen einen Tisch. Wissen Sie schon, wie Ihr Tisch aussehen soll?"

Der Kunde: „Er soll etwas Besonderes sein, er soll stabil sein und gut aussehen. Eine genaue Vorstellung habe ich noch nicht."

Der Schreiner: „Besonders, stabil und gut aussehend. Können Sie mir etwas näher erklären, was Sie darunter verstehen?"

Der Kunde begann nachzudenken. „Er soll eine besondere, eine ausgefallene Form haben, ein Blickfang sein und auf andere Leute Eindruck machen. Es soll ein Tisch sein, den nicht jeder hat, ein Einzelstück – für mich."

Der Schreiner hörte zu und schwieg geduldig.

Nach kurzem Nachdenken fuhr der Kunde fort: „Ich möchte einen Holztisch aus hellem Holz in Natur – eine warme Farbe. Er soll sehr stabil sein, er soll vier stabile Beine haben, ..."

Der Schreiner hörte weiter aufmerksam und geduldig zu.

„... eine ganz massive Tischplatte haben und lange halten."

Der Kunde war über sich selbst überrascht, er hätte vorher gar nicht geglaubt, dass ihm so viel zu seinem Tisch einfiel. Die Idee begann ihm zu gefallen.

Der Schreiner hatte lange geschwiegen. Jetzt fragte er: „Darf ich Ihnen einen Vorschlag machen?"

Der Kunde nickte.

„Was halten Sie davon, wenn wir eine kurze Skizze anfertigen?"

Der Kunde nickte.

Der Schreiner: „Ich hole kurz meinen Skizzenblock, möchten Sie einen Kaffee dazu?"

„Gern", sagte der Kunde.

Sie setzten sich an einen Tisch. Beide hatten einen Skizzenblock vor sich liegen und begannen Ideen zu entwickeln. Da der Kunde nicht so gut zeichnen konnte, bat er den Schreiner, die Skizzen zu machen. Der Schreiner zeichnete. Immer wieder fragte er den Kunden, ob ihm dies gefiele, ob ihm jenes recht sei, worauf er Wert lege und ob es seinen Vorstellungen entspreche. Der Kunde dachte nach und antwortete. Nach etwa zehn Minuten und einer Tasse Kaffee hatten beide gemeinsam eine Skizze vom Tisch erstellt. Sie kam den Vorstellungen des Kunden sehr nah. Immer mehr bekam der Kunde das Gefühl: „Genau das wird mein Tisch." Und er freute sich. Der Schreiner fragte weiter: „Aus welchem Material soll er sein? Was hätten Sie am liebsten?"

Der Kunde: „Ich kenne mich mit Material gar nicht aus. Eigentlich dachte ich, es soll helles Holz sein. Vielleicht gibt es noch etwas Interessanteres."

Der Schreiner: „Was halten Sie davon, wenn ich Ihnen einmal verschiedene Materialien zeige?"

Der Kunde: „Ja, das ist eine gute Idee."

Beide sahen sich in der Schreinerei verschiedene Hölzer an. Nach wenigen Minuten hatte sich der Kunde für Kirschbaum entschieden. Er war sehr zufrieden.

„Wie wollen wir weiter vorgehen?", fragte der Schreiner.

Der Kunde: „Ich möchte, dass Sie mir diesen Tisch bauen."

Der Schreiner: „Bis wann soll er fertig sein?"

Der Kunde: „Es wäre schön, wenn ich ihn in sechs Wochen haben könnte."

Der Kunde war zufrieden, er freute sich und hatte ein gutes Gefühl. Er wollte sich gerade verabschieden, als ihm einfiel, dass sie noch gar nicht über den Preis gesprochen hatten. Deshalb sagte er: „Wie viel kostet der Tisch eigentlich? Können Sie mir ein Angebot mailen?"

„Ja", sagte der Schreiner, „das mache ich gern. Sie haben es morgen Abend."

Der Kunde bedankte sich: „Ich glaube, ich habe genau meinen Tisch gefunden. Es ist der Tisch, den ich immer im Kopf hatte. Vielen Dank, auf Wiedersehen." Er drehte sich um und ging. Er hatte ein richtig gutes Gefühl. Dies war der Anfang einer langen und erfolgreichen Geschäftsbeziehung.

Die Analyse

Analysiert werden:

► die Kommunikationsstrategie des Verkäufers: Sprachstrategien und Methoden

► die Emotion des Kunden: Wertgefühl/Mastergefühl/Ohnmachtsgefühl/ Minderwertgefühl: gering, mittel, hoch

► die Kaufmotivation: gering, mittel, hoch

	Analyse
Dann fragte der Schreiner den Kunden: „Was kann ich für Sie tun?" *Der Kunde: „Ich suche einen Tisch."*	**Kommunikationsstrategie des Verkäufers:** kundenzentrierte Frage (zeigt Interesse) **Emotion des Kunden:** Wertgefühl: hoch (Kunde steht im Mittelpunkt, fühlt sich wichtig) **Kaufmotivation:** hoch
Der Schreiner: „Ah, Sie wollen einen Tisch. Da sind Sie bei uns genau richtig. Tische sind unsere Spezialität. Wir machen viele Tische. Wir können Ihnen jeden Tisch bauen, aus jedem Material, in jeder Form." Und der Schreiner erzählte davon, dass schon sein Großvater Schreiner war, welche Hölzer es gab und wie sich sein Handwerk im Laufe der Zeit verändert hatte.	**Kommunikationsstrategie des Verkäufers:** Egozentrierte Aussagen, Monolog **Emotion des Kunden:** Ohnmachtsgefühl (Verkäufer stellt sich in den Mittelpunkt, interessiert sich nicht für den Kunden, er erzählt nur von sich) **Kaufmotivation:** niedrig
Der Schreiner: „Wofür brauchen Sie einen Tisch?" *Der Kunde: „Darüber habe ich so genau noch nicht nachgedacht. Etwas Besonderes soll er sein. Ich habe noch keine genaue Vorstellung."*	**Kommunikationsstrategie des Verkäufers:** kundenzentrierte Frage (Bedarfsermittlung) **Emotion des Kunden:** Wertgefühl: hoch (Kunde steht im Mittelpunkt, fühlt sich wichtig) **Kaufmotivation:** hoch
Der Schreiner: „Da habe ich bestimmt etwas für Sie. Ich mache Ihnen mal einige Vorschläge."	**Kommunikationsstrategie des Verkäufers:** Suggestion, Bedarfsermittlung zu kurz, egozentriert und dominant, da Bevormundung anstatt Frage **Emotion des Kunden:** Minderwert- und Ohnmachtgefühl: mittel **Kaufmotivation:** gering
Und der Schreiner empfahl. Der Schreiner begann mit dem Kunden einen Rundgang durch seine Ausstellungsräume, zeigte ihm große Tische, kleine Tische, ältere Tische – alles, was er bisher gemacht hatte. Er zeigte dem Kunden sein ganzes Können. Man merkte dem Schreiner an, dass er stolz auf seine Arbeit war, und schließlich sagte er zum Kunden, und das mit voller innerer Überzeugung:	**Kommunikationsstrategie des Verkäufers:** Monolog, egozentriert **Emotion des Kunden:** Minderwert- und Ohnmachtsgefühl: mittel **Kaufmotivation:** gering

	Analyse
„Ich glaube, dieser Tisch ist genau der Richtige für Sie", und dabei zeigte er auf einen großen Eichentisch. „Der ist solide, wertvoll, handgearbeitet, hält lange, hat Tradition und ist eine ganz ausgefallene Arbeit."	**Kommunikationsstrategie des Verkäufers:** Behauptung, Unterstellung, hohes Risiko, dass die Nutzenargumentation durch die fehlende Bedarfsermittlung am Kunden vorbei geht, Sachnutzen, keine kundenzentrierten Nutzen (EBI: gering), egozentriert **Emotion des Kunden:** Minderwertgefühl: hoch **Kaufmotivation:** gering
Der Schreiner: „Eichentische sind immer noch das Beste." *Der Kunde sah den Schreiner an. Geduldig hatte er seinen Ausführungen zugehört, sich verschiedenste Tische angesehen. Aber woher kam dieses unbestimmte Gefühl, dass dies doch nicht das Richtige war? Irgendetwas ganz Wesentliches fehlte ihm. Der Kunde sagte letztendlich: „Vielen Dank für Ihre Mühe, aber mein Tisch ist nicht dabei."*	**Kommunikationsstrategie des Verkäufers:** Monolog, egozentriert **Emotion des Kunden:** Minderwert- und Ohnmachtsgefühl: mittel **Kaufmotivation:** gering
Der Schreiner versuchte jetzt, sein Geschäft zu retten. Er sagte: „Alle unsere Tische sind nach dem neuesten Stand gebaut. Viele davon sind gerade in Mode und sind bei unseren Kunden sehr beliebt. Aber wir können Ihnen natürlich auch Ihren eigenen Tisch bauen." *„Vielen Dank", sagte der Kunde, „ich glaube, ich werde noch einmal darüber nachdenken. Vielen Dank für Ihre Mühe". Dann ging er.*	**Kommunikationsstrategie des Verkäufers:** egozentriert, Kundennutzen nach EBI: gering, da hier wieder, durch die fehlende Bedarfsermittlung, keine persönlichen und emotionalisierenden Nutzen möglich sind **Emotion des Kunden:** Minderwert- und Ohnmachtsgefühl: mittel **Kaufmotivation:** gering
Auf dem Weg nach Hause dachte der Kunde bei sich: „Ich hätte nicht gedacht, dass es so schwierig ist, einen Tisch zu kaufen." Da der Kunde ein wenig Zeit hatte, besuchte er im Laufe der Woche noch mehrere Schreiner. Sie alle präsentierten ihm ihre Kunst, zeigten ihm die Werkstätten, ihre Ausstellungen, viele Beispiele von Tischen – und immer hatte der Kunde das Gefühl, dass etwas Wichtiges fehlte. Am Ende der Woche beschloss der Kunde, noch einen Versuch zu wagen. Er rief noch einmal einen Schreiner an, um einen Besuchstermin zu vereinbaren.	**ERGEBNIS: KEIN KAUF**
Der Schreiner war persönlich am Telefon. Er sagte: „Wann möchten Sie kommen, wann passt es Ihnen am besten?" *Der Kunde: „Ich würde gerne gleich vorbeikommen."*	**Kommunikationsstrategie des Verkäufers:** kundenzentrierte Frage (zeigt Interesse und ist bedarfsorientiert) **Emotion des Kunden:** Master- und Wertgefühl: hoch (Kunde steht im Mittelpunkt) Kaufmotivation: hoch
Schreiner: „Schön, das passt gut. Was kann ich für Sie tun?" *Der Kunde: „Ich möchte einen Tisch."*	**Kommunikationsstrategie des Verkäufers:** positive Bestätigung, kundenzentrierte Frage, Bedarfsermittlung beginnt **Emotion des Kunden:** Master- und Wertgefühl: hoch (Kunde steht im Mittelpunkt) **Kaufmotivation:** hoch

	Analyse
Der Schreiner: „Haben Sie einen besonderen Wunsch? Was für einen Tisch stellen Sie sich vor?" *Der Kunde: „Ich suche etwas ganz Besonderes, stabil und schön."*	**Kommunikationsstrategie des Verkäufers:** kundenzentrierte Fragen, vertiefende, vertikale Bedarfsermittlung **Emotion des Kunden:** Master- und Wertgefühl: hoch (Kunde steht im Mittelpunkt) **Kaufmotivation:** hoch
Der Schreiner: „Wie viel Zeit werden Sie mitbringen?" *Der Kunde: „Ich denke, ungefähr eine halbe Stunde."*	**Kommunikationsstrategie des Verkäufers:** egozentrierte Frage (Information ist nur für den Verkäufer wichtig) **Emotion des Kunden:** Master- und Wertgefühl: gering (Kunde steht z. T. im Mittelpunkt) **Kaufmotivation:** gering
Der Schreiner: „Schön, ich freue mich auf Ihren Besuch, bis gleich." *Der Kunde war verwundert. Das hatte ihn noch keiner gefragt. Irgendwie hatte er jetzt schon ein gutes Gefühl. Als der Kunde die Schreinerei betrat, sah sie so ähnlich aus wie die anderen. Sie wirkte ein bisschen familiärer. Der Kunde war sich nicht sicher, ob das an den häufigen Besuchen in anderen Schreinereien lag oder an dieser Schreinerei. Auch der Schreiner sah aus wie die anderen Schreiner. Er schien ihm aber auch gleichzeitig etwas vertrauter.*	**Kommunikationsstrategie des Verkäufers:** positive Bestätigung **Emotion des Kunden:** Master- und Wertgefühl: hoch (Kunde fühlt sich willkommen) **Kaufmotivation:** hoch
„Schön, dass Sie gekommen sind.", sagte der Schreiner. „Sie suchen einen Tisch. Wissen Sie schon wie Ihr Tisch aussehen soll?" *Der Kunde: „Er soll etwas Besonderes sein, er soll stabil sein und gut aussehen. Eine genaue Vorstellung habe ich noch nicht."*	**Kommunikationsstrategie des Verkäufers:** positive Begrüßung, positive Wortwahl, kurze Bestätigung, dass er sich gemerkt hat, was der Kunde möchte, weitergehende Bedarfsermittlung, horizontal **Emotion des Kunden:** Master- und Wertgefühl: hoch **Kaufmotivation:** hoch
Der Schreiner: „Besonders, stabil und gut aussehend. Können Sie mir etwas näher erklären, was Sie darunter verstehen?" *Der Kunde begann nachzudenken. „Er soll eine besondere, eine ausgefallene Form haben, ein Blickfang sein und auf andere Leute Eindruck machen. Es soll ein Tisch sein, den nicht jeder hat, ein Einzelstück – für mich."*	**Kommunikationsstrategie des Verkäufers:** Wiederholung / Zusammenfassung zeigt, dass er den Kunden verstanden hat, weitergehende, vertiefende Frage bzgl. Bedarfsermittlung (vertikal) **Emotion des Kunden:** Master- und Wertgefühl: hoch **Kaufmotivation:** hoch
Der Schreiner hörte zu und schwieg geduldig. *Nach kurzem Nachdenken fuhr der Kunde fort: „Ich möchte einen Holztisch aus hellem Holz in Natur – eine warme Farbe. Er soll sehr stabil sein, er soll vier stabile Beine haben, ..."* Der Schreiner hörte weiter aufmerksam und geduldig zu. *„... eine ganz massive Tischplatte und lange halten."*	**Kommunikationsstrategie des Verkäufers:** Respektpause (Verkäufer gibt dem Kunden Zeit, ist nah beim Kunden, er bekommt viele wichtige Informationen) **Emotion des Kunden:** Master- und Wertgefühl: hoch (Kunde hat Zeit zum Nachdenken, um sich klar zu werden, was er möchte und um seine Vorstellungen zu äußern) **Kaufmotivation:** hoch

	Analyse
Der Kunde war über sich selbst überrascht, er hätte vorher gar nicht geglaubt, dass ihm so viel zu seinem Tisch einfiel. Die Idee begann ihm zu gefallen.	
Der Schreiner hatte lange geschwiegen. Jetzt fragte er: „Darf ich Ihnen einen Vorschlag machen?" *Der Kunde nickte.* „Was halten Sie davon, wenn wir eine kurze Skizze anfertigen?" *Der Kunde nickte.*	**Kommunikationsstrategie des Verkäufers:** kundenzentrierte Frage, Commitment des Kunden wird eingeholt **Emotion des Kunden:** Master- und Wertgefühl: hoch (Kunde steht klar im Mittelpunkt und wird nach seiner Meinung und nach seinem Wunsch gefragt) **Kaufmotivation:** hoch
Der Schreiner: „Ich hole kurz meinen Skizzenblock, möchten Sie einen Kaffee dazu?" „Gern", sagte der Kunde.	**Kommunikationsstrategie des Verkäufers:** informative Aussage, gastfreundschaftliche Frage, positive Assoziation an Kaffee wird geweckt **Emotion des Kunden:** Master- und Wertgefühl: hoch (Kunde wird wichtig genommen, Wohlgefühl) **Kaufmotivation:** hoch
Sie setzten sich an einen Tisch. Beide hatten einen Skizzenblock vor sich liegen und begannen Ideen zu entwickeln. Da der Kunde nicht so gut zeichnen konnte, bat er den Schreiner, die Skizzen zu machen. Der Schreiner zeichnete. Immer wieder fragte er den Kunden, ob ihm dies gefiele, ob ihm jenes recht sei, worauf er Wert lege und ob es seinen Vorstellungen entspreche. Der Kunde dachte nach und antwortete. Nach etwa zehn Minuten und einer Tasse Kaffee hatten beide gemeinsam eine Skizze vom Tisch erstellt. Sie kam den Vorstellungen des Kunden sehr nah. Immer mehr bekam der Kunde das Gefühl: „Genau das wird mein Tisch." Und er freute sich. Der Schreiner fragte weiter: „Aus welchem Material soll er sein? Was hätten Sie am liebsten?" *Der Kunde: „Ich kenne mich mit Material gar nicht aus. Eigentlich dachte ich, es soll helles Holz sein. Vielleicht gibt es noch etwas Interessanteres."*	**Kommunikationsstrategie des Verkäufers:** wiederholtes Commitment, detaillierte Bedarfsermittlung **Emotion des Kunden:** Master- und Wertgefühl: hoch (Kunde steht im Mittelpunkt) **Kaufmotivation:** hoch (hohe Identifikation mit dem Produkt)
Der Schreiner: „Was halten Sie davon, wenn ich Ihnen einmal verschiedene Materialien zeige?" *Der Kunde: „Ja, das ist eine gute Idee."*	**Kommunikationsstrategie des Verkäufers:** kundenzentrierte Frage, Commitment wird eingeholt, Teil der vertikalen Bedarfsermittlung **Emotion des Kunden:** Master- und Wertgefühl: hoch (Kunde steht im Mittelpunkt) **Kaufmotivation:** hoch

	Analyse
Beide sahen sich in der Schreinerei verschiedene Hölzer an. Nach wenigen Minuten hatte sich der Kunde für Kirschbaum entschieden. Er war sehr zufrieden. „Wie wollen wir weiter vorgehen?", fragte der Schreiner. *Der Kunde: „Ich möchte, dass Sie mir diesen Tisch bauen."*	**Kommunikationsstrategie des Verkäufers:** kundenzentrierte Frage, Vorbereitung des Abschlusses **Emotion des Kunden:** Master- und Wertgefühl: hoch (Kunde steht im Mittelpunkt) **Kaufmotivation:** hoch
Der Schreiner: „Bis wann soll er fertig sein?" *Der Kunde: „Es wäre schön, wenn ich ihn in sechs Wochen haben könnte."* *Der Kunde war zufrieden, er freute sich und hatte ein gutes Gefühl. Er wollte sich gerade verabschieden, als ihm einfiel, dass sie noch gar nicht über den Preis gesprochen hatten. Deshalb sagte er: „Wie viel kostet der Tisch eigentlich? Können Sie mir ein Angebot mailen?"*	**Kommunikationsstrategie des Verkäufers:** kundenzentrierte und bedarfsorientierte Frage **Emotion des Kunden:** Master- und Wertgefühl: hoch (Kunde steht im Mittelpunkt) **Kaufmotivation:** hoch
„Ja", sagte der Schreiner, „das mache ich gern. Sie haben es morgen Abend." *Der Kunde bedankte sich: „Ich glaube ich habe genau meinen Tisch gefunden. Es ist der Tisch, den ich immer im Kopf hatte. Vielen Dank, auf Wiedersehen." Er drehte sich um und ging. Er hatte ein richtig gutes Gefühl. Dies war der Anfang einer langen und erfolgreichen Geschäftsbeziehung.*	**Kommunikationsstrategie des Verkäufers:** positive Bestätigung **Emotion des Kunden:** Master- und Wertgefühl: hoch (Kunde fühlt sich wichtig) **Kaufmotivation:** hoch **ERGEBNIS: KAUF**

Literatur

Aaker, D. A. (1991), Managing brand equity, New York.

Anderson, S. M. / Zimbardo, P. G. (1984), On resisting social influence. Cultic Studies Journal, 1, 196-219. Bonita Springs.

Bandura, A. (1997), Self Efficacy: The Exercise of Control, Hampshire.

Begley, S. (2007), Neue Gedanken – Neue Gedanken, München.

Benton, A. A. / Kelley, H. H. / Liebling, B. (1972), Effects of extremity of offers and concession rate on the outcomes of bargaining. Journal of Personality and Social Psychology, 24, 73-83.

Berscheid, E. / Walster Hatfield, E. (1978). Interpersonal attraction. Reading, MA.

Bierley, C. / McSweeney, F. K. / Vannieuwkerk, R. (1985), Classical conditioning preferences of stimuli. Journal of Consumer Research, 12, 316-323.

Bittner, G. / Kohnen, R. (2009), Das Sales Force Effectiveness Programm – Intelligente Strategien für eine messbar bessere Performance im Vertrieb, Essen.

Blanchard, K. / Bowles, S. (2002), Wie man Kunden begeistert: Der Dienst am Kunden als A und O des Erfolgs, Reinbek.

Blass, T. (1999), The Milgram paradigm after 35 years: Some things we know about obedience to authority. Journal of Applied Social Psychology, 29, 955-978.

Bornstein, R. F./ Leone, D. R. / Galley, D. J. (1987), The generalizability of subliminal mere exposure effects. Journal of Personality and Social Psychology, 53, 1070-1079.

Brehm, J. W. (1966), A theory of psychological reactance. New York.

Brewer, M. (1979), In-group bias in the minimal intergroup situation: A cognitive-motivational analysis. Psychological Bulletin, 86, 307-324.

Brownstein, R. / Katzev, R. (1985), The relative effectiveness of three compliance techniques in eliciting donations to a cultural organization. Journal of Applied Social Psychology, 15, 564-574.

Budesheim, T. L. / DePaola, S. J. (1994), Beauty or the beast? The effects of appearance, personality, and issue information on evaluation of political candidates. Personality and Social Psychology Bulletin, 20, 339-348.

Bushman, B. J. (1984), Perceived symbols of authority and their influence on compliance. Journal of Applied Social Psychology, 14, 501-508.

Bushman, B. J. (1988), The effects of apparel on compliance. Personality and Social Psychology Bulletin, 14, 459-467.

Byrne, D. (1971), The attraction paradigm. New York.

Chaiken, S. / Stangor, C. (1987), Attitudes and attitude change. In M. R. Rosenzweig & L. W. Porter (Eds.), Annual Review of Psychology (Vol. 38, 575-630). Palo Alto, CA: Annual Reviews.

Chartrand, T. L. / Bargh, J. A. (1999), The chameleon effect: The perception-behaviour link and social interaction. Journal of Personality and Social Psychology, 76, 893-910.

Cialdini, R. B. / Vincent, J. E. / Lewis, S. K. / Catalan, J., Wheeler, D. / Darby, B. L. (1975), Reciprocal concessions procedure for inducing compliance: The door-in-the-face technique. Journal of Personality and Social Psychology, 31, 206-215.

Cialdini, R. B. (2007), Die Psychologie des Überzeugens, Bern.

Cioffi, D. / Garner, R. (1996), On doing the decision: The effects of active versus passive choice of commitment and Self perception. Personality and Social Psychology Bulletin, 22, 133-147.

Clark, M. S. / Mills, J. (1979), Interpersonal attraction in exchange and communal relationships, Journal of Personality and Social Psychology, 37, 12-24.

Cohen, S. (1978), Environmental load and the allocation of attention. In A. Baum, J. / E. Singer / S. Valins (Eds.), Advances in environmental psychology (Vol. 1), New York.

Coleman, J. S. (1991), Grundlagen der Sozialtheorie, München.

Conway, M. / Ross M. (1984), Getting what you want by revising what you had. Journal of Personality and Social Psychology, 47, 738-748.

Damasio, A. R. (2000), Ich fühle, also bin ich, Berlin.

Damasio, A. R. (2005), Der Spinonza-Effekt, Berlin.

de Charms, R. et al. (1991), in: Coleman, J. S. (1991), Grundlagen der Sozialtheorie, München.

Doidge, N. (2008), Neustart im Kopf, Frankfurt.

Downs, A. C. / Lyons, P. M. (1990). Natural observations of the link between attractiveness and initial legal judgements. Personality and Social Psychology Bulletin, 17, 541-547.

Drachman, D. / deCarufel, A. / Inkso, C. A. (1978), The extra credit effect in interpersonal attraction. Journal of Experimental Social Psychology, 14, 458-467.

Eagly, A. H. / Ashmore, R. D. / Makhijani, M. G. / Longo, L. C. (1990), What is beautiful is good, but ...: A meta-analytic review of research on the physical attractiveness stereotype. Psychological Bulletin, 110, 109-128.

Eberspächer, H. (2008), Gut sein, wenn's drauf ankommt, München.

Fazio, R. H. / Blascovich, J. / Driscoll, D. (1992), On the functional value of attitudes. Personality and Social Psychology Bulletin, 18, 388-401.

Fazio, R. H. / Sherman, S. J. / Herr, P. M. (1982), The feature-positive effect on the self-perception process. Journal of Personality and Social Psychology, 42, 404-411.

Festinger, L. (1954). A theory of social comparison processes. Human Relations, 7, 117-140.

Festinger, L. dt. (1978), Theorie der kognitiven Dissonanz. Bern.

Fiske, S. T. / Neuberg, S. L. (1990), A continuum of impression formation: Influences of information and motivation on attention and interpretation. In: M. P. Zanna (Ed.) Advances in experimental social psychology (Vol. 23, pp 1-74.) New York.

Freedmann, J. L. / Fraser, S. C. (1966), Compliance without pressure: The foot-in-the-door technique. Journal of Personality and Social Psychology, 4, 195-203.

Geffroy, E. K. (1995), Das einzige, was stört, ist der Kunde. 5. Auflage, Landsberg/Lech.

Gonzales-Molina, G. (2003), Managen nach dem Gallup-Prinzip, Frankfurt.

Goethals, G. R. / Reckmann R. F. (1973), The perception of consistency in attitudes. Journal of Experimental Social Psychology, 9, 491-501.

Higgins, E. T. / Lee, J., Kwon, J. / Trope, Y. (1995), When combining intrinsic motivations undermines interest. Journal of Personality and Social Psychology, 68, 749-767.

Hockey, G. R. J. / Hamilton, P. (1970), Arousal and information selection in short-term memory. Nature, 226, 866-867.

Hunt, J. M. / Domzal, T. J. / Kernan, J. B. (1981), Causal attribution and persuasion: The case of disconfirmed expectancies. In: A. Mitchell (Ed.), Advances in Consumer Research (Vol. 9). Ann Arbor, MI.

Jachens, T. H. (2007), Professionelles Verkaufen: Kundenerwartungen erkennen. Verkaufsgespräche positiv gestalten. Abschlüsse erreichen. Richtig kommunizieren, München.

Kahn, B. E. / Baron, J. (1995), An exploratory study of choice rules favored for high-stakes decisions. Journal of Consumer Psychology, 4, 305-328.

Katzev, R. / Pardini, A. (1988), The comparative effectiveness of token reinforces and personal commitment in promoting recycling. Journal of Enviromental Systems, 17, 99. 93-113.

Ketelaar, T. (1995). Emotions as mental representations of gains and losses: Translating prospect theory into positive and negative affect. Paper presented at the meeting of the American Psychological Society, New York, NY.

Köhler, H.-U. (2008), Verkaufen ist wie Liebe: Nutzen Sie Ihre Emotionale Intelligenz. Das Handbuch der Verkäufer, Regensburg.

Limbeck, M. (2007), Das neue Hardselling – Verkaufen heißt verkaufen – So kommen Sie zum Abschluss, Wiesbaden.

Lipton, B. H. (2007), Intelligente Zellen, Burgrain.

McCombs, M. / Zhu, J. (1995), Capacity, diversity, and volatility of the public agenda. Public Opinion Quarterly, 59, 495-525.

McGuinnies, E. / Ward, C. D. (1980), Better likes than right: Trustworthiness and expertise as factors in credibility. Personality and Social Psychology Bulletin, 6, 467-472.

Meyer, W.-U. / Reisenzein, R. / Schützwohl, A. (2001), Einführung in die Emotionspsychologie, Band I: Die Emotionstheorien von Watson, James und Schachter, 2. Auflage Bern.

Meyerwitz, B. E. / Chaiken, S. (1987), The effect of message framing on breast self-examination attitudes, intentions, and behaviour. Journal of Personality and Social Psychology, 52, 500-510.

Murphy, S. T. / Zajonc, R. B. (1993), Affect, cognition and awareness. Journal of Personality and Social Psychology, 64, 723-739.

Ohoven, M. (2000), Die Magie des Power Selling; Die Erfolgsstrategie für perfektes Verkaufen, Landsberg/Lech.

Oskamp, S. / Shultz, P. W. (1998), Applied Social Psychology. Englewood Cliffs, NJ.

Rao, A. R. / Monroe, K. B. (1989). The effect of price, brand name, and store name on buyer's perceptions of product quality. Journal of Marketing Research, 26, 351-357.

Ridley, M (1997), Die Biologie der Tugend: Warum es sich lohnt, gut zu sein. Berlin.

Rosenfeld, P. / Kennedy, J. G. / Giacalone, R. A. (1986), Decision-making: A demonstration of the postdecision dissonance effect. Journal of Social Psychology, 236, 663-665.

Rothman, A. J. / Salovey, P. (1997), Shaping perceptions to motivate healthy behavior: The role of message framing. Psychological Bulletin, 12, 3-19.

Rotter, et al. (1991), in: Coleman, J. S. (1991), Grundlagen der Sozialtheorie, München.

Rüegg, J. C. (2003), Psychosomatik, Psychotherapie und Gehirn, Stuttgart.

Sawtschenko, P. / Herden, A. (2000), Rasierte Stachelbeeren, Offenbach.

Scammon, D. L. (1977), Information overload and consumers. Journal of Consumer Research, 4, 148-155.

Schlembach, C. (2008), Verkaufen: Kundengerecht argumentieren und erfolgreich abschließen, Stuttgart.

Seligman, M. E. P. (2002), Pessimisten küsst man nicht. Optimismus, München.

Servan-Schreiber, D. (2004), Die neue Medizin der Emotion – Stress, Angst, Depressionen: Gesund werden ohne Medikamente, München.

Sheldon, K. M. / Ryan, R. M. / Rawsthorne, L. J. / Ilardi, B. (1997), Trait self and true self, Journal of Personality and Social Psychology, 73, 1380-1393.

Skinner, B. F. (1974), Die Funktion der Verstärkung in der Verhaltenswissenschaft, München.

Sorensen Aage, B. (1993), Social Theory and Social Policy: Essays in Honor of James S. Coleman, Santa Barbara.

Stöger, G. / Stöger, H. (2006), Besser verkaufen mit Glaubwürdigkeit und Sympathie, München.

Swap, W. C. (1977), Interpersonal attraction and repeated exposure to rewards and punishers. Personality and Social Psychology Bulletin, 3, 248-251.

Tesser, A., Cambell, J. / Mickler, S. (1983), The role of social pressure, attention to the stimulus, and self doubt in conformity. European Journal of Social Psychology, 13, 217-233.

Thorndike, Edward Lee (2008), The Thorndike Arithmetics, Bloomigton.

Tversky, A. / Kahnemann, D (1981), The framing of decisions and the psychology of choice. Science, 211, 453-458.

Vester, F. (1996), Denken, Lernen, Vergessen. 23., neu überarb. Auflage.

Wilson, T. D. / Dunn, D. S. / Kraft, D. / Lisle, D. J. (1989), Introspection, attitude change, and behavior consistency. In: L. Berkowitz (Ed.), Advances in experimental social psychology (Vol. 22). San Diego, CA.

Zajonc, R. B ./ Markus, H. / Wilson, W. R. (1974), Exposure effects and associative learning. Journal of Experimental Social Psychology, 10, 248-263.

Zimmatore, J. J. (1983), Consumer mindlessness: I believe it, but I don't see it. Proceedings of the Division of Consumer Psychology, American Psychological Association Convention, Anaheim, CA.

Literatur

Stichwortverzeichnis

Die Autoren

Dr. **Gerhard Bittner** wurde 1950 geboren. Nach dem Studium der Wirtschaftswissenschaft, einem Staatsexamen in Germanistik und Sport sowie einem Diplom in Pädagogik war er zwölf Jahre in Forschung und Lehre an der Universität Essen tätig. Schwerpunktthemen waren unter anderem Lernpsychologie, Kommunikationstheorie, Motivation, Änderung von Verhalten, Stressbewältigung und mentale Bestleistung. 1986 gründete er die Unternehmensberatung Point Consulting und entwickelte ein ganzheitliches Weiterbildungssystem. Seitdem ist er als Berater, Stratege und Führungskräftetrainer für Bestleistung und Kommunikation in vielen internationalen Konzernen erfolgreich tätig. Bücher: Sales Force Effectiveness Programm, Mentale Medizin u. a.

Kontakt: gbittner@pointconsulting.de

Elke Schwarz wurde 1972 in Berlin geboren. Parallel zum Studium der Wirtschaftswissenschaften baute sie die Unternehmensberatung Point Consulting mit auf und war dort als zertifizierte Trainerin und Coach tätig. 2007 übernahm sie als Geschäftsführerin den Bereich Sales, gründete die Best Selling – Sales Academy. Elke Schwarz ist schwerpunktmäßig als Consultant und Strategieberaterin für die Bereiche Marketing und Vertrieb tätig. Spezialgebiete sind: Neurokommunikation, Emotion Selling und hochwertige Kommunikation im Verkauf. Als Vorstand der Deutschen Gesellschaft für Neuromentale Medizin, Kausale Stressmedizin und Gesundheitsmanagement e. V. hält sie Vorträge über den Zusammenhang von Neurokommunikation und Stressmedizin.

Kontakt: elke.schwarz@bssac.de